"十四五"职业教育国家规划教材

U0290813

模具机械加工

◎主　编　彭奇恩　李锦胜　范芳武

◎副主编　严金荣　王传宝　周仕超

电子工业出版社·

Publishing House of Electronics Industry

北京·BEIJING

内 容 简 介

本书基于模具制造行业的实际需求，结合机械加工技术的最新发展进行编写，旨在为读者系统、全面地介绍模具机械加工技术，并提供实践指导。

本书重点介绍了安全教育、轴/套类零件、板类零件、块类零件的机械加工技术，以及模具装配、调试，其中加工部分重点介绍了铣削、车削、磨削和钻削等加工方法。书中详细阐述了各类模具零件加工的基础知识和技术要点，通过具体的教学项目，系统地介绍了从零件设计、工艺规划到加工实施的全过程。每个学习任务都包含任务单、咨询单、信息单和作业单，使读者能够全面掌握模具机械加工的关键工艺方法。本书内容实用，结构清晰，注重技能培养，通过详细的操作步骤和案例分析，使读者能够真正掌握模具机械加工的技术与技能。

本书可作为模具制造技术、机械加工技术等相关专业的教材使用，也可作为相关技术人员的参考用书。

未经许可，不得以任何方式复制或抄袭本书之部分或全部内容。
版权所有，侵权必究。

图书在版编目（CIP）数据

模具机械加工 / 彭奇恩，李锦胜，范芳武主编. —北京：电子工业出版社，2024.8

ISBN 978-7-121-35087-0

Ⅰ. ①模… Ⅱ. ①彭… ②李… ③范… Ⅲ. ①模具—金属切削—职业教育—教材 Ⅳ. ①TG76

中国版本图书馆 CIP 数据核字（2018）第 217575 号

责任编辑：张　凌
印　　刷：三河市鑫金马印装有限公司
装　　订：三河市鑫金马印装有限公司
出版发行：电子工业出版社
　　　　　北京市海淀区万寿路 173 信箱　邮编　100036
开　　本：880×1 230　1/16　印张：14.5　字数：332 千字
版　　次：2024 年 8 月第 1 版
印　　次：2024 年 8 月第 1 次印刷
定　　价：46.00 元

前　言

　　"模具机械加工"是模具专业学生必修的一门实践性很强的技术基础课程。通过本课程的学习，学生能了解模具机械加工的一般过程，掌握模具零件的常用加工方法、模具装配工艺、注塑机的选用及成型参数调节，了解现代模具制造在机械制造中的应用。本书依据模具专业一体化课程改革的要求编写而成，展现了基于工作过程开展一体化教学的特色，体现了"养习惯、重思维、教方法、厚基础"的教育理念。教师与企业共同组成教材开发团队，针对模具专业高素质技术技能型人才培养目标、模具制造工国家职业标准所涵盖的相关工作岗位所需要的知识与能力，从企业典型产品中概括提炼学习情境，分解、重构教学内容，力求做好本书的典型化、简单化。

　　本书主要有以下特点。

　　本书参照国家职业资格证书的模具制造工技能标准来编排内容与选择技能训练深度，以世界技能大赛"塑料模具工程"赛项的赛前训练题目"二板式模具结构"为载体进行编写。

　　各项目情境以行动导向为出发点进行教学设计，在"信息单"中注重实践操作，体现职业教育的特点。教学行动以工作任务为导向，按照获取信息、计划、决策、实施、检查和评价的六步教学法进行教学编排。强调"实施"步骤以学生为主，教师注重控制过程，强调职业素质的形成，充分体现"以就业为导向"的办学宗旨。

　　创新考评机制，实施以过程考核和多元评价为导向的考核与评价理念，全面考评每位学生，注重对学生整个学习过程的考核。

　　本书是广东省机械技师学院"创建全国一流技师学院"项目成果——"一体化"精品系列教材之一。该系列教材以"基于工作过程的一体化"为特色，通过典型工作任务，创设实际工作场景，让学生扮演工作中的不同角色，在教师的引导下完成不同的工作任务，并进行适度的岗位训练，达到提高学生综合职业能力的目标，为学生的可持续发展奠定基础。

　　在本书编写过程中，各位参编老师付出了艰辛的劳动，谨向为编写本书付出艰辛劳动的全体人员表示衷心的感谢！限于编者的水平，书中内容难免有疏漏之处，敬请各位读者批评指正。

编　者

目　录

安全教育 ▮▮▮▮

学习目标

1. 通过学习职业健康安全条例，提高对安全生产重要性的认识。
2. 掌握安全生产的基本常识，具备辨别危险和评价风险的能力。
3. 应用所学习的安全生产常识，具备预防事故与控制危险的策略。
4. 在突发事故中，能采用正确的应急救援程序。

项目情境描述

　　安全是什么？对于人，安全是健康。对于家庭，安全是和睦。对于企业，安全意味着发展。对于国家，安全意味着强大。放大点来说，安全就是生命！随着社会的进步，生命价值越来越受到重视。在企业一心一意谋发展的当口，更要把安全第一落到实处，把预防为主放在各项工作的首位，真正做到珍爱生命，安全生产。安全生产强调的是保护人的价值高于一切。

　　安全，是我们所有工作、学习的前提，也是我们所有工作、学习的基础，对于我们在日常学习、工作中需要注意的几个方面，安全，应该是重中之重！在我们日常工作中，常会面临很多的困难和问题，需要我们齐心协力去解决它们，我们尤其要深刻认识安全生产的重要性！

信
息
单

任务1　识别安全隐患

一、任务描述

通过观看和听取相关安全生产事故案例，学习职业健康安全条例，提高自己对车间安全生产重要性的认识，掌握安全生产的基本常识，培养辨别危险和评价风险的能力。

二、任务分析

在观看和听取相关安全生产事故案例后，结合自身的体会，采用知识问答和写心得体会的形式，检验自己对车间安全生产重要性认识的程度，以及辨别危险和评价风险的能力。

（如果你能完成上述任务，请跳转到"四、任务实施过程"部分）

三、任务准备

（一）相关知识准备

1. 安全事故案例

（1）1995 年，某校 93 届造纸班一名学生（班干部），在某工厂实习期间，被机器卷入而"粉身碎骨"。新设备调试运行期间，周围已有警示和封闭线，该学生是一名学习成绩优异、对自己要求很高的学生，在中午时分无人看管的情况下，翻越封闭线，想到设备前观看和学习，由于不认识设备，结果不小心被机器卷入而造成身亡。

（2）2006 年，广东省某高级技工学校一名学生，在电工实习期间，从高处摔下身亡，事故原因如下。

中午时分，老师和同学们都下课去吃饭了，该名学生为了完成最后的在高处的接线任务，发生了意外，因触碰到带电线缆，从高处摔下，头先着地而身亡。

（3）2007 年，某校 05 级一位学生在考数控车证期间，发生了拇指被压碎的事故。事故原因：在考证期间，该学生在帮另一位学生拆卸工件时，因不了解车床的运行状态，用力过大而失去平衡，带动了卡盘运转，结果在惯性的作用下，拇指被压碎。

（4）1993 年，某工厂一名女车工，在车削长丝杆时，头发被卷入丝杆中，导致头皮被拔出。事故原因：在工作时，该女车工未佩戴工作帽，未将长发卷起，在其车削长丝杆螺纹时，头发被风吹到正在加工的工件上，导致头发被卷入旋转的工件中而发生事故。

（5）2000—2008 年，各技工、职业学校常有在实习车间穿着拖鞋的学生，若不小心滑倒或撞到机床底座的角铁上，就会发生被掀起一块肉而血流不止的事故。事故原因：在机械实习工厂车间，穿着拖鞋是很容易发生安全事故的，有的被加工中的切屑烫伤、刺伤，有的被锋利的铣块割伤，有的甚至会造成生命危险。

2．学校的实习安全生产制度

（1）实习前，必须接受安全教育。

（2）按规定着装，戴好工作帽，不准穿背心、短裤、裙子、高跟鞋、凉鞋、拖鞋，不准戴围巾上岗操作。

（3）在分组操作时，如安排一机多人，只允许单人操作，严禁多人同时操作；在有人操作时，其他人不得随便扳动设备上的任何手柄和开关。

（4）不准动用、扳动、启动非自用设备，如电闸、开关和消防器材。

（5）保证充足的睡眠，在实习中，必须服从分配，注意听讲，认真操作，不准从事无关事务；不准在现场追逐、打闹、喧哗；不准攀登任何设备。

（6）指导教师在学生实习期间应坚守工作岗位，发现不正常现象，应立即停止学生的工作，关闭电源，检查原因。

（7）指导教师必须严格地按照设备安全操作规程进行操作和指导。

（8）严禁在实验实习场所吸烟，应保持工作地点清洁、整齐，不准在人行通道中堆放杂物。

（9）贵重仪器、机床设备的使用和管理责任到人，设备发生故障，及时报告，非专职维修人员不得擅自拆卸机床设备。

（10）实习场所配备符合规定的消防器材，放于明显、易用的位置，要有专人负责管理，定期检查，随时确保有效可用。

（11）定期对实训处进行安全检查与考核，若发生事故，必须上报，查明原因，及时处理。

（12）指导教师在下班前，注意关闭电源、水源、气源，关好门窗。

（13）对违反规定的学生，指导教师要及时批评教育；对于不听从指导或多次违反规定的学生，令其写检查或暂停实习；情节严重的，实习成绩不予通过，并给予处分。

（二）相关技能准备

（无）

（三）用具准备

纸张、笔。

四、任务实施过程

1. 安全生产的工作方针是什么？

2. 通过对安全事故案例的了解和学校的实习安全生产制度的学习，完成 500 字左右的学习心得体会。

信
息
单

任务 2　处理安全事故

一、任务描述

通过对安全生产基本常识的学习，能对突发的安全事故做出准确、合理的处理。

二、任务分析

在安全事故案例分析中，学习安全生产的知识，对车间的各项安全操作规程有深刻的了解，并能正确处理突发的安全事故。
（如果你能完成上述任务，请跳转到"四、任务实施过程"和"应急预案"部分）

三、任务准备

（一）相关知识准备

1. 危险源的辨识基本原则

（1）本质属性有潜在危险性：

- 有发生爆炸、火灾危险。
- 有中毒窒息危险。
- 有高空坠落危险。
- 有烧伤、烫伤、腐蚀危险。
- 有被飞溅物打击危险。
- 有被物体绞、辗、挤压、撞击、切割、挂带危险。
- 有被车辆提升系统伤害危险。
- 有坍塌、倾覆、滑坡、压埋危险。
- 有触电伤害危险。
- 其他容易导致人员伤害、建筑物破坏、设备损坏的危险。

（2）隐患容易产生又不易被发觉，且难以控制。隐患泛指潜在发生事故，造成人员伤亡或经济损失的物或环境的不安全状态。从理论上而言，凡存在隐患的设备、岗位、场所都可被视为危险源；但是不能一概而论地认为凡是有本质属性危险性的设备、岗位、场所都存在隐患，而一概当作危险源辨识和风险评价的根本依据，以免造成危险源过多过滥，失去重点监控意义。

（3）有统计分析依据，即危险性导致事故发生概率的大小。有些有本质属性危险性的设备、岗位、场所，由于设计、施工（或生产）考虑合理，引发危险性的概率很小。

2．线切割工安全操作规程

（1）禁止戴围巾、手套，高速切削时要戴好防护眼镜（防锈防烫生产按规定执行）。

（2）装卸卡盘及大的工、夹具时，床面要垫木板，不准开车装卸卡盘，装卸工件后，应立即取下扳手，禁止用手制动。

（3）床头、小刀架、床面不得放置工、量具或其他东西。

（4）装卸工件要牢固，夹紧时可用接长套筒，禁止用榔头敲打，不准使用滑丝的卡爪。

（5）加工细长工件要用顶尖、跟刀架。车头前面伸出部分不得超过直径的20～25倍；车头后面伸出部分超过300mm时，必须加托架，必要时装设防护栏杆。

（6）用锉刀锉光工件时，应右手在前，左手在后，身体离开卡盘，禁止用砂布裹在工件上砂光，应比照用锉刀的方法，成直条状压在工件上。

（7）车内孔时，不准用锉刀倒角；用砂布光内孔时，不准将手指或手臂伸进孔打磨。

（8）加工偏心工件时，必须加平衡铁，并要紧固牢靠，制动不要过猛。

（9）攻丝或套丝必须用专用工具，不准一手扶攻丝架（或扳手架）、一手开车。

（10）切大料时，应留有足够余量，卸下后砸断，以免切断时掉下伤人；切断小料时，不准用手接。

（二）相关技能准备

1．机房失火的逃生与自救

逃生自救方法：

（1）火势初起时，立即用灭火器扑灭；若火势已大到无法控制，则要立即撤离火场。

（2）计算机室的设备、电线起火易产生有毒气体，显示器遇火易产生爆炸；逃生时要用手绢、衣袖等捂住口鼻，弯腰低姿快行，防毒避炸。

2．教室的火灾隐患和消防须知

火灾隐患：

（1）教室门不畅通或只开一个门。

（2）使用大功率照明灯或电取暖器靠近易燃物。

（3）违反操作规程使用电子教具。

（4）电线线路老化或超负荷。

（5）不按照安全规定存放易燃物品。

（6）吸烟且乱丢烟头。

消防须知：线路老化要更新，严禁吸烟，易燃物品离灯远，操作规程不违反，大门畅通无阻碍，提高警惕防火灾。

3．高楼失火的逃生和自救

（1）火势较小时，应灭火自救，立即用灭火器、水、沙子、湿衣/被灭火；火势较大无法扑灭时，应立即逃生。

（2）逃生要迅速，但绝不要乘电梯逃生。

（3）切勿盲目跳楼，危险极大。

（4）先触门把，观察门缝，发现门把烫手或有浓烟侵入，不可开门外逃。正确做法是关闭房门和窗户，用湿毛巾、湿衣/被堵住门缝，泼水降温，等待救援。

（5）沿安全通道，循指示标识撤离。

（6）如果来不及撤离，可在卫生间暂避，关闭门窗、堵住门缝，向门窗泼水降温，等待救援。

（7）观察大火位置，火如果在上层和同层，要向楼下逃生；火如果在下层，烟火蔓延封锁住了往下逃生的通道，则向楼顶平台逃生，用楼顶水箱的水把毛巾、衣物浸湿，防止火灼烟熏。

（8）立即拨打火警电话"119"，向外发出求救信号。

4．宿舍的火灾隐患和消防须知

火灾隐患：

（1）乱接电源。

（2）乱扔烟头。

（3）躺在床上吸烟。

（4）在蚊帐内点燃蜡烛看书。

（5）焚烧杂物。

（6）存放易燃、易爆物品。

（7）使用电炉等大功率电器。

（8）擅自使用煤油炉、液化气灶具、酒精炉等可能引起火灾的器具。

（9）台灯太靠近枕头和被褥。

消防须知：电源线路不乱接，电热设备不要用，杜绝烟头随手丢，易燃物品不进屋，衣物被褥离灯远，人走灯灭好习惯，室内整洁无杂物，火灾隐患全消除。

5．烧伤自救和防火"四备"

烧伤包括四种：一是热力烧伤；二是化学烧伤；三是电烧伤；四是放射烧伤。

热力烧伤现场自救最基本的要求：

一是迅速脱离热源，脱去燃烧的衣服或用水浇灭身上的火。

二是已知难以脱离现场，可以用湿毛巾捂住口鼻，防止有毒气体吸入，保持身体的低姿势，尽量靠近可以透空气的门窗。

三是对于小范围的局部烧伤，可以用自来水冲洗或在井水中浸泡，在可以忍受的前提下，水温越低越好，这样可以迅速降温，减轻烧伤程度，减轻疼痛。

四是如出现水泡，要注意保留，不要将泡皮撕去，用干净的毛巾、被单等包敷，避免污染。

五是对于严重烧伤的病人，原则上应以就地治疗为主，避免转送途中治疗不及时而造成死亡。

防火"四备"：

（1）一个灭火器（干粉）。灭火器可以将小火迅速扑灭，防止发生火灾。

（2）一根（保险）绳子。发生火灾无路可逃时，把这根绳子一头拴在暖气片等处，另一头垂到窗外，沿着绳子缓缓下滑，可以逃离火海。

（3）一只手电筒。夜间失火、电路烧坏后，一只手电筒可以在漆黑的夜里照出一条逃生之路。

（4）一个简易防烟面具。火场的烟雾是有毒的，许多丧生者是被烟熏致死的，戴防烟面具可以抵御有毒烟雾而死里逃生。

（三）用具准备

灭火器。

四、任务实施过程

1．口述回答：急救电话与火警电话分别是什么？拨打急救电话与火警电话应注意什么？

任何一部电话拨打"119"都是免费的。

报警时要切记以下几点：

（1）稳定自己的情绪，切忌急躁。

（2）请讲普通话，以免方言的差异造成错误。

（3）按照"119"指挥中心接警人员的要求讲清火灾情况，内容包括如下。

① 应讲清着火地点，所在区县、街道、门牌号码等详细地址。

② 要讲清是否有人员被困、什么东西着火、火势情况。

③ 要讲清是平房还是楼房，最好能讲清起火部位、燃烧物质和燃烧情况。

④ 要讲清自己的姓名、所在地点和电话号码。

⑤ 报警后要派专人在路口等候消防车的到来，指引消防车去火场的道路，以便救灾人员迅速、准确地到达起火地点。

发现火情应及时报警，这是每个公民的责任。

★ 消防部门提醒人们注意：由于"119"火警线路有限，不要无故拨打"119"电话，以免发现火情时"119"电话拨打不通。

2．上实习课期间突发安全事故，你想好处理方法了吗？

（1）应急逃生通道你选好了吗？

（2）自己在实习中意外受伤怎么办？

（3）看到身边同学不遵守安全文明制度，或发生安全事故受伤了，你怎么处理？

应急预案

序号	考生具备下列技能吗	学生自评		教师评价		备注
		是	否	是	否	
1	通过学习后，安全意识有所增强					
2	通过规章制度的学习，能养成安全文明的习惯					
3	通过学习，在应急逃生中能正确选择安全通道					
4	通过学习，能正确处理实习中的意外受伤情况					
5	通过学习，能正确处理实习中的其他突发事故					
6	通过安全知识的学习，能对消防知识有新的认识					
7	通过学习，能用言行影响或教育他人					
	总体评价					

项目总结与拓展

学生总结：
教师总结：
项目拓展：

轴、套类零件机械加工

学习目标

1. 能掌握轴、套类零件车削加工的方法。
2. 能掌握轴、套类零件磨削加工的方法。
3. 能用卧式车床加工轴、套类零件。
4. 能用外圆磨床加工轴类零件。
5. 能用磨床加工套类零件。

工作任务

■ **任务 1　导柱车削加工**

通过车削加工刀具的选择、车床的使用和车削用量的选择等，实现轴类零件的加工。

■ **任务 2　导柱磨削加工**

通过外圆磨床的使用和磨削用量的选择等，实现轴类零件的加工。

■ **任务 3　导套车削加工**

通过车削加工刀具的选择、车床的使用和车削用量的选择等，实现套类零件的加工。

■ **任务 4　导套磨削加工**

通过外圆、内圆磨床加工设备附件的使用和磨削用量的选择等，实现套类零件的加工。

项目情境描述

根据轴、套类零件的普通加工方法，确定"轴类零件的车削加工及磨削加工"和"套类零件的车削加工及磨削加工"两个任务。本项目选取模具中的导柱和导套作为教学载体，按照轴、套类模具零件生产过程，使学生通过获取信息、计划、决策、实施、检查、评价的训练，全面掌握外圆车削、端面车削、外圆磨削、端面磨削、内孔零件钻削、内孔零件车削和磨削等工艺方法，使学生能够用车床车削外圆/端面、钻削内孔，能够用万能外圆磨床磨削轴类零件的外圆、端面及内孔。学生通过完成选择车刀（钻头）→选择车（钻）削用量→调整车床→装夹工件→确定车（钻）削工艺→车（钻）削加工轴（套）类零件，完成选择砂轮→选择磨削用量→调整磨床→装夹工件→确定磨削工艺→磨削加工轴、套类零件，可以对车工和磨工的工作有真实感受。

项目一	轴、套类零件机械加工	任务 1	导柱车削加工
任务学时	16		

布置任务

工作目标	1．掌握普通车削常用刀具的种类用途与刃磨。 2．掌握车削导柱零件的车刀种类、刀具材料的选择。 3．掌握车削用量的选择和用卧式车床加工导柱零件的操作。 4．掌握导柱零件的切削过程。 5．掌握外圆尺寸公差的检测方法。
任务描述	在车床上车削加工图 1-1-1 所示的导柱零件的外圆和端面。 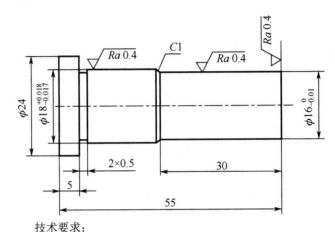 技术要求： 1．淬火硬度为 58～62HRC。 2．未注公差按 GB/T 1804—2000 标准中提到的 f。 <div align="center">图 1-1-1　导柱零件</div>

学时安排	获取信息 8 学时	计划 0.5 学时	决策 0.5 学时	实施 6 学时	检查 0.5 学时	评价 0.5 学时

提供资源	1．零件图样和工艺规程。 2．教案、课程标准、多媒体课件、加工视频、参考资料、车工/磨工岗位技术标准等。 3．车床有关的工具和量具。
对学生的要求	1．学生具备模具零件图的识图能力，掌握模具零件的材料性质。 2．车削时必须遵守安全操作规程，做到文明操作。 3．加工的导柱零件尺寸要符合技术要求。 4．以小组的形式进行学习、讨论、操作、总结，每位学生必须积极参与小组活动，进行自评和互评；上交一个零件，并对自己的产品进行分析。

项目一	轴、套类零件机械加工	任务 1	导柱车削加工
获取信息学时	8		
获取信息方式	观察事物、观看视频、查阅书籍、利用互联网及信息单查询问题、咨询教师		
获取信息问题	1. 车削加工工艺的范围有哪些？ 2. 车削加工工艺的特点哪些？ 3. 车床的种类有哪些？ 4. 车床的主要组成部件有哪些？ 5. 常用车刀有哪些种类？其主要用途是什么？ 6. 刀具切削部分的几何角度有哪些？ 7. 车削时工件上的表面有哪些？ 8. 车削外圆时，工件有哪些装夹方式？ 9. 说明切削用量的三要素、如何选择。 10. 学生需要单独获取信息的问题……		
获取信息引导	1. 问题 1 可参考信息单 1.1.1 节的内容。 2. 问题 2 可参考信息单 1.1.1 节的内容。 3. 问题 3 可参考信息单 1.1.2 节的内容。 4. 问题 4 可参考信息单 1.1.2 节的内容。 5. 问题 5 可参考信息单 1.1.3 节的内容。 6. 问题 6 可参考信息单 1.1.3 节的内容。 7. 问题 7 可参考信息单 1.1.4 节的内容。 8. 问题 8 可参考信息单 1.1.5 节的内容。 9. 问题 9 可参考信息单 1.1.6 节的内容。		

资讯单

任务1 导柱车削加工 •••••

1.1.1 车削加工

1. 车削加工工艺范围

车削是指车工在车床上应用刀具和工件做相对运动的方式进行切削，以改变工件的尺寸和形状。车削加工主要用来加工各种回转体的端面，还可进行切断、切槽、车螺纹、钻孔和扩孔等工作。各种轴类工件、盘套类工件都需要车削加工。在车床上装上其他附件和夹具，可加工形状更为复杂的零件，实现镗削、磨削、研磨、抛光、滚花和绕弹簧等加工。钢、铸铁、有色金属及许多非金属材料都可以进行车削加工。车削加工工艺范围如图 1-1-2 所示。

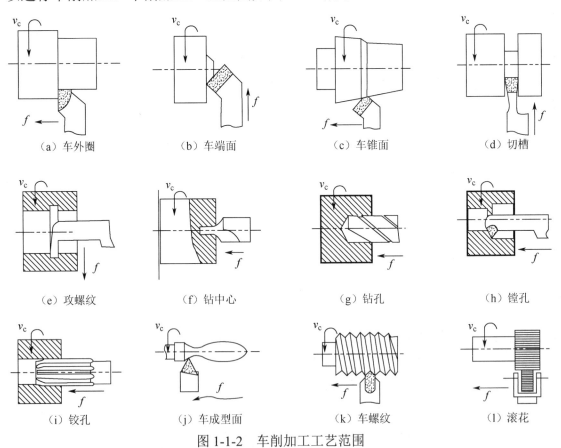

| （a）车外圈 | （b）车端面 | （c）车锥面 | （d）切槽 |

| （e）攻螺纹 | （f）钻中心 | （g）钻孔 | （h）镗孔 |

| （i）铰孔 | （j）车成型面 | （k）车螺纹 | （l）滚花 |

图 1-1-2　车削加工工艺范围

2. 车削加工工艺特点

生产效率高。车削加工时，工件的旋转运动一般不受惯性力的限制。车刀刚度好时，可选择很大的吃刀量和进给量，可以采用很高的切削速度连续地车削，有利于提高生产效率。

生产成本低。车刀结构简单，价格低廉，刃磨和安装都很方便，车削生产准备时间短。车床价格居中，许多车床夹具已经作为车床附件被生产，可以满足一般零件的装夹需要。

精度范围大。根据零件的使用要求，可以采用荒车、粗车、半精车和精车等车削加工方法，获得低精度、中等精度和相当高的加工精度。

（1）荒车。毛坯为自由锻件或大型铸件时，可去除大部分余量，减少形状和位置偏差。荒车后的尺寸公差等级为 IT15～IT18，表面粗糙度 Ra 小于 80μm。

（2）粗车。中小型锻件和铸件可直接进行粗车。粗车后的尺寸公差等级为 IT11～IT13，表面粗糙度 Ra 为 12.5～30μm。

（3）半精车。尺寸精度要求不高的工件或在精加工工序之前可安排半精车。半精车后的尺寸公差等级为 IT10～IT18，表面粗糙度 Ra 为 3.2～6.3μm。

（4）精车。一般作为最终工序或光整加工的预加工工序。精车后的尺寸公差等级可达 IT7、IT8，表面粗糙度 Ra 为 0.8～1.6μm。

（5）适于有色金属零件的精加工。对有色金属零件进行磨削时，磨屑往往会糊住砂轮，使磨削无法进行。在高精度车床上，用金刚石刀具进行切削，尺寸公差等级可达 IT5、IT6，表面粗糙度 Ra 为 0.1～1.0μm，甚至能达到接近镜面的效果。

1.1.2 普通车床

1. 车床的种类

车床的种类很多，按其用途和结构不同，主要可分为卧式车床、立式车床、转塔车床、马鞍车床、多刀半自动车床、仿形车床、仿形半自动车床、单轴自动车床、多轴自动车床及多轴半自动车床等。此外，还有各种专门化车床，如凸轮轴车床、铲齿车床、曲轴车床和高精度丝杠车床等。其中以卧式车床应用最为广泛。

2. CA6140 型卧式车床

图 1-1-3 所示为 CA6140 型卧式车床外形图。

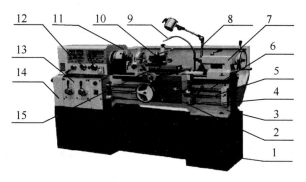

1—床腿；2—溜板箱；3—底座；4—手柄；5—光杠；6—丝杠；7—尾座；8—照明灯；
9—切削液；10—刀架；11—回转盘；12—主轴箱；13—进给箱；14—床身；15—床鞍

图 1-1-3 CA6140 型卧式车床外形图

1）车床的主要组成部件

（1）主轴箱。主轴箱内装有主轴、变速机构和变向机构等，由电动机经变速机构带动主轴旋转，实现主运动，并获得所需的转速及转向。主轴前端可安装卡盘等夹具，用以装夹工件。

（2）进给箱。进给箱的作用是改变机动进给的进给量或被加工螺纹的导程。

（3）溜板箱。溜板箱的作用是将进给箱传来的运动传递给刀架，使刀架实现纵向进给、横向进给、快速移动或车螺纹。溜板箱上装有手柄和按钮，可以方便地操作机床。

（4）床鞍。床鞍位于床身的中部，其上装有中滑板、回转盘、小滑板和刀架。刀架用以夹持车刀，并使其做纵向、横向或斜向进给运动。它是由大刀架、横刀架（中刀架）、转盘、小刀架和四方刀架组成的。四方刀架安装在最上方，可以同时装夹四把车刀，能够转动并固定在需要的方位上。小刀架可随转盘转动，可手动使刀具实现斜向运动，车削锥面。横刀架（又被称为小拖板）在转盘与大刀架之间，可以手动或机动使车刀横向进给。大刀架（也被称为大拖板）与溜板箱连接，沿床身导轨可以手动或机动实现纵向进给。

（5）尾座。尾座安装在床身的尾座导轨上，其上的套筒可安装顶尖或各种孔加工刀具，用来支承工件或对工件进行孔加工。摇动手轮可使套筒移动，以实现刀具的纵向进给。尾座可沿床身顶面的一组导轨（尾座导轨）做纵向调整移动，然后夹紧在所需的位置上，以适应不同长度工件的需要。尾座还可以相对其底座沿横向调整位置，以车削较长且锥度较小的外圆锥面。

（6）床身。床身是车床的基本支承件。车床的主要部件均安装在床身上，并保持各部件间具有准确的相对位置。

2）车床的主要技术参数

CA6140 型卧式车床的主要技术参数如下。

床身上最大加工（回转）直径/mm	400
刀架上最大加工（同转）直径/mm	210
主轴可通过的最大棒料直径/mm	48
最大加工（车削）长度/mm	650、900、1400、1900
中心高/mm	205
顶尖距/mm	750、1000、1500、2000
主轴内孔锥度	莫氏 6 号
主轴转速范围/（r/min）	10～1400（24 级）
纵向进给量/（mm/r）	0.028～6.33（64 级）
横向进给量/（mm/r）	0.014～3.16（64 级）
加工米制螺纹/mm	1～192（44 种）
加工英制螺纹/（牙/in）	2～24（20 种）
加工模数螺纹/mm	0.25～48（39 种）
加工径节螺纹/（牙/in）	1～96（37 种）
主电动机功率/kW	7.5

3．立式车床

立式车床的主轴是直立的，主要用于加工径向尺寸大而轴向尺寸相对较小，以及形状比较复杂的大型或重型轮盘类零件。

立式车床结构的主要特点是主轴垂直布置，并有一个直径很大的回转工作台供安装工件用。图 1-1-4 所示为立式车床外形图。工作台面处于水平位置，故笨重工件的装夹、找正都比较方便。

（a）单柱立式车床　　　　　　　　　　（b）双柱立式车床

图 1-1-4　立式车床外形图

立式车床有单柱立式车床和双柱立式车床两种。图 1-1-4（a）所示为单柱立式车床，它的加工直径较小，一般小于 1600mm，工作台由安装在底座内的垂直主轴带动旋转，工件装夹在工作台上并随其一起旋转，实现主运动。进给运动由垂直刀架和侧刀架实现，垂直刀架可在横梁导轨上移动做横向进给，还可沿刀架滑座的导轨做垂向进给，可车削外圆、端面、内孔等，把刀架滑座扳转一个角度，可斜向进给车削内外圆锥面。在垂直刀架上有一个五角形转塔刀架，除装车刀外，还可安装各种孔加工刀具，扩大了加工范围。横梁平时夹紧在立柱上，为适应工件的高度，可松开夹紧装置调整横梁的上下位置。侧刀架可做横向进给和垂向进给，以车削外圆、端面、沟槽和倒角。

图 1-1-4（b）所示为双柱立式车床，最大加工直径可达 2500nm。其结构及运动基本上与单柱立式车床相似，不同之处是双柱立式车床有两根立柱，在立柱顶端连接有顶梁，构成封闭框架结构，有很高的刚度，适于较重型零件的加工。

在汽轮机、重型电机、矿山冶金等大型机械制造企业的超重型、特大零件加工中，普遍使用的是落地式双柱立式车床。

4．转塔车床

转塔车床的结构与卧式车床相似。图 1-1-5 所示为滑鞍转塔车床外形图。它有床身、主轴箱、溜板箱、前刀架等部件。其没有丝杠，并由转塔刀架代替了尾座。

卧式车床的加工范围广，灵活性强，但其四方刀架最多只能安装四把刀具，尾座只能安装一把孔加工刀具，且无机动进给。在用卧式车床加工一些形状较为复杂，特别是带有内孔和内螺纹的工件时，需要频繁换刀、对刀、移动尾座，以及试切、测量尺寸等，辅助时间较长，生产效率降低，劳动强度增大。在批量生产中，卧式车床的这种不足表现得尤为突出。为了缩短辅助时间，提高生产效率，在卧式车床的基础上，发展出了转塔车床。它与卧式车床的主要区别是取消了尾座和丝杠，并在床身尾座部位装有一个可沿床身导轨纵向移动并可转位的多工位刀架，六角刀架上可以装夹六把（组）刀具，既能加工孔又能加工外圆。转塔车床在加工前需预先调好所用刀具。六角刀架每回转 60°，转换一把（组）刀具。在加工中，多工位刀架周期性地转位，使这些刀具依次对工件进行切削加工，因此在成批生产、加工形状复杂的工件时，其生产效率比卧式车床高。由于安装的刀具比较多，故转塔车床适于加工形状比较复杂的小型回转类工件；由于没有丝杠，一般不能车螺纹，只能用板牙或丝锥加工螺纹。在转塔车床上加工时，需要花费较多的时间来调整机床和刀具，因此转塔车床在单件小批量生产中的使用受到了限制。

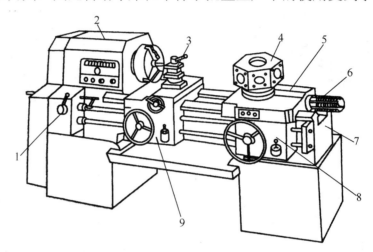

1—进给箱；2—主轴箱；3—前刀架；4—转塔刀架；5—纵向溜板；6—定程装置；
7—床身；8—转塔刀架溜板箱；9—前刀架溜板箱

图 1-1-5　滑鞍转塔车床外形图

5. 马鞍车床

马鞍车床是卧式车床的一种变形车床。图 1-1-6 所示为马鞍车床外形图。它和卧式车床的主要区别在于，马鞍车床在靠近主轴箱一端装有一段形似马鞍的可卸导轨。卸去可卸导轨可使加工工件的最大直径增大，从而扩大加工工件直径的范围。由于可卸导轨经常被装卸，其工作精度、刚度都有所下降，所以这种车床主要用在设备较少的单件小批量生产的小工厂及修理车间中。

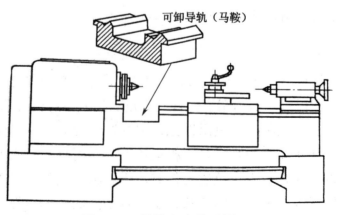

可卸导轨（马鞍）

图 1-1-6　马鞍车床外形图

6. 机床型号

随着工业的发展和加工工艺的需要，目前金属切削机床已具有多种多样的形式。我国机床的传统分类方法主要是按加工性质和所用刀具进行分类，即将机床分为 11 大类：车床、钻床、镗床、磨床、齿轮加工机床、螺纹加工机床、铣床、刨插床、拉床、锯床、其他机床。在每一类机床中，又按工艺范围、布局形式和结构等分为若干组，每一组又细分为若干系列。

除了上述分类方法，还可以按其他方法分类。

（1）根据加工精度，机床分为普通机床、精密机床和高精度机床。

（2）根据使用范围，机床分为通用机床、专门化机床和组合机床。

（3）根据自动化程度，机床分为一般机床、半自动机床和自动机床。

（4）根据机床的质量，机床分为仪表机床、中小型机床、大型机床、重型机床等。

机床型号是机床产品的代号，用以简明地表示机床的类别、主要技术参数、性能和结构特点等。

我国的机床型号现在是按《金属切削机床　型号编制方法》（GB/T 15375—2008）编制的。此标准规定，机床型号由汉语拼音字母和数字按一定的规律组合而成，它适用于新设计的各类通用机床、专用机床和回转体加工自动线（不包括组合机床）。

通用机床型号的表示方式如图 1-1-7 所示。

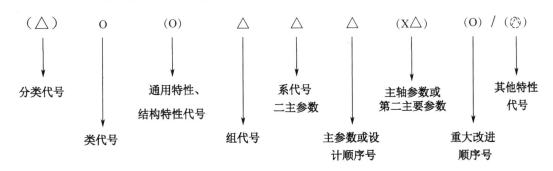

图 1-1-7　通用机床型号的表示方式

注，有"（　）"的代号或数字处，当无内容时，则不表示，若有内容则不带括号；"O"符号处，为大写的汉语拼音字母；"△"符号处，为阿拉伯数字；"⌾"符号处，为大写的汉语拼音字母，或阿拉伯数字，或两者兼有之。

（1）分类代号。机床的分类代号如表 1-1-1 所示。

表 1-1-1　机床的分类代号

类别	车床	钻床	镗床	磨床			齿轮加工机床	螺纹加工机床	铣床	刨插床	锯床	拉床	其他机床
代号	C	Z	T	M	2M	3M	Y	S	X	B	G	L	Q
读音	车	钻	镗	磨	二磨	三磨	牙	丝	铣	刨	割	拉	其他

（2）机床的通用特性、结构特性代号。为了表示机床的通用特性和结构特性，在代号后加一个汉语拼音字母以区别于同类的普通机床。机床的通用特性、结构

特性代号如表 1-1-2 所示。

表 1-1-2　机床的通用特性、结构特性代号

通用特性	精密	高精密度	自动	半自动	轻型	仿形	数控	加重型	加工中心（自动换刀）	柔性加工单元	数显	高速
代号	M	G	Z	B	Q	F	K	G	H	R	X	S
读音	密	高	自	半	轻	仿	控	重	换	柔	显	速

（3）机床的组代号、系代号。随着机床工业的发展，每类机床按用途、结构、性能划分为若干组和系，用两位阿拉伯数字表示，位于通用特性、结构特性代号之后，第一位数字表示组，第二位数字表示系。

机床的主参数是反映机床规格大小的参数。主参数在型号中位于组代号、系代号之后，用数字表示，数字值为实际值的 1/10、1/100，几种机床主参数名称及折算系数如表 1-1-3 所示。

表 1-1-3　几种机床主参数名称及折算系数

机床名称	主参数名称	主参数折算系数
卧式车床	床身上最大回转直径	1/10
摇臂钻床	最大钻孔直径	1
卧式坐标镗床	工作台面宽度	1/10
外圆磨床	最大磨削直径	1/10
立式升降台铣床	工作台面宽度	1/10
卧式升降台铣床	工作台面宽度	1/10
龙门刨床	最大刨削宽度	1/100
牛头刨床	最大刨削长度	1/10

（4）机床的重大改进顺序号。当机床的性能和结构有重大改进，并按新的机床产品重新试制鉴定时，分别用汉语拼音字母 A、B、C 等（I、O 除外），加在原机床型号的最后以区别原机床型号。

CA6140 卧式车床型号的含义如图 1-1-8 所示。

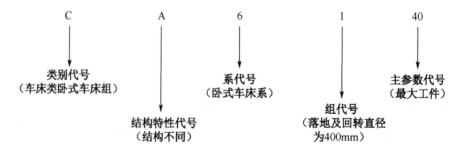

图 1-1-8　CA6140 卧式车床型号的含义

1.1.3　刀具的种类与安装

1．常用车刀的种类

（1）车刀按用途分类。车刀按用途可分为外圆车刀、弯头车刀和切断刀等，如图 1-1-9 所示。车槽（切断）刀：用来车削工件外沟槽或切断工件；90°外圆车

刀：用来车削工件的外圆、端面和台阶；45°弯头车刀：车削工件的外圆、端面和倒角；75°弯头刀：车削工件的外圆、端面和倒角；镗刀：用来镗削工件的内孔；螺纹刀：适用于加工外螺纹和内螺纹；成型刀具：用于制造不同类型工件的形状。

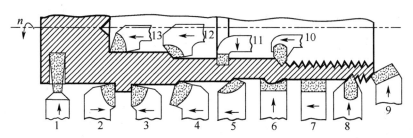

1—车槽（切断）刀；2—90°左偏刀；3—90°右偏刀；4—75°弯头车刀；5—直头外圆车刀；
6—成型车刀；7—宽刃外圆车刀；8—内螺纹刀；9—45°弯头车刀；10—外螺纹刀；11—内沟槽车刀；
12—通孔车刀；13—不通孔车刀；n—后角角度，为0°

图 1-1-9 车刀按用途分类

（2）车刀按结构分类。车刀按结构可分为整体式高速钢车刀、硬质合金焊接车刀和机械夹固式可转位车刀等，如图 1-1-10 所示。

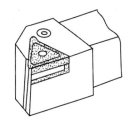

（a）整体式高速钢车刀　（b）硬质合金焊接车刀　（c）机械夹固式可转位车刀

图 1-1-10 车刀按结构分类

整体式高速钢车刀磨损后可以多次重磨，刀具刃磨方便。车刀整体为高速钢材料，缺点是会造成刀具、刀杠材料的浪费。刀杠强度低，当切削力较大时，会损坏刀杠。一般用于较复杂成型表面的低速精车。

硬质合金焊接车刀是将一定形状的硬质合金刀片和刀杆焊接制成的。其结构简单，制造、刃磨方便，刀具刚性好，应用广泛。但刀杆不能重复使用，造成了材料的浪费。

机械夹固式可转位车刀的刀片不需要焊接，用机械夹固方法装夹在刀杆上。可转位车刀包括刀杆、刀片、刀垫和夹固组件等部分。刀片用钝后，只需将刀片转过一个角度，新的切削刃就可投入切削。机械夹固式可转位车刀的刀具几何参数由刀片和刀片槽保证，不受工人技术水平的影响，切削性能稳定，适于大批量生产和数控车床使用，由于节省了刀具的刃磨、装卸和调整时间，辅助时间减少，同时避免了刀片的焊接、重磨造成的缺陷。

2．车刀的组成

车刀由刀柄和刀头组成。刀柄是刀具上的夹持部分，夹固在刀架或刀座上；刀头则用于切削，是切削部分。如图 1-1-11 所示，刀头由以下几部分构成。

（1）前刀面（A_γ）：切屑流出时经过的刀面。

（2）后刀面（A_α）：与加工表面相对的刀面。

（3）副后刀面（A'_α）：与已加工表面相对的刀面。

（4）切削刃（S）：前、后刀面的交线，它担负主要切削工作，也称主切削刃。

（5）副切削刃（S'）：前刀面与副后刀面的交线，它配合切削刃完成切削工作。

（6）刀尖：切削刃与副切削刃的交点，它可以是一个点、微小的一段直线或圆弧。刀尖形状如图 1-1-12 所示。

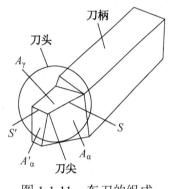

图 1-1-11　车刀的组成

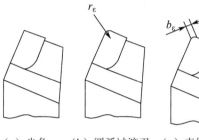

（a）尖角　（b）圆弧过渡刃　（c）直线过渡刃

图 1-1-12　刀尖形状

不同类型的车刀，其刀头的组成可能不相同。例如，切断刀除前刀面、后刀面、切削面外，还有两个副后刀面、两个副切削刃和两个刀尖。

3. 车刀角度辅助平面

为了便于确定和测量车刀的角度数值，常用下列三个假想的辅助平面作为基准，如图 1-1-13 所示。

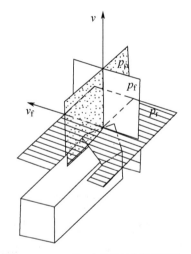

图 1-1-13　车刀角度辅助平面

（1）基面（p_r）：通过切削刃选定点，垂直于假定主运动方向的平面被称为基面。对于车刀，基面平行于车刀刀柄底面。

（2）切削平面（p_p）：通过切削刃选定点，与主切削刃相切并垂直于基面的平面被称为切削平面。

（3）正交平面（p_f）：通过切削刃选定点，同时垂直于基面与切削平面的平面被称为正交平面。

4．车刀主要角度

车刀主要角度如图 1-1-14 所示。

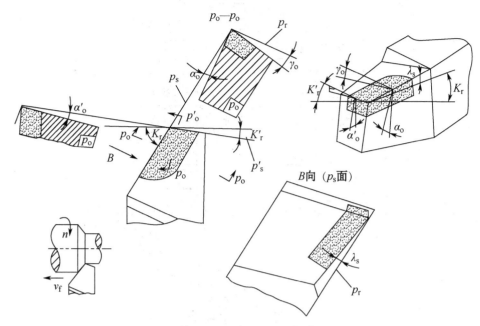

图 1-1-14　车刀主要角度

1）基面中测量的角度

（1）主偏角（K_r）：基面中测量的主切削刃与假定进给运动方向之间的夹角。

（2）副偏角（K'_r）：基面中测量的副切削刃与假定进给运动反方向之间的夹角。

2）切削平面中测量的角度

刃倾角（λ_s）：切削平面中测量的主切削刃与基面之间的夹角。

3）正交平面中测量的角度

（1）前角（γ_o）：正交平面中测量的前刀面与基面之间的夹角。

（2）后角（α_o）：正交平面中测量的后刀面与切削平面之间的夹角。

4）副正交平面中定义和标注的角度

对副切削刃也可建立副基面、副切削平面、副正交平面。

副后角（α'_o）：副正交平面中测量的副后刀面与副切削平面之间的夹角。

5．车刀的安装

安装车刀时，要注意车刀安装位置的影响。

（1）调整车刀安装高度。刀尖要与工件轴线等高，否则影响车刀实际工作角度，并易产生崩刃情况。当刀尖安装得高于工件中心时，若不计进给运动的影响，由于主运动方向发生改变，按这种情况所建立的基准坐标系平面，称为工作基面（p_{re}）和工作切削平面（p_{se}）。由图 1-1-15 可以看出，刀具的工作前角较静止前角增大，刀具的工作后角较静止后角减小。当刀尖安装得低于工件中心时，刀具的工作后角较静止后角增大。可以采用垫片的方法调整刀尖高度，如图 1-1-16 所示，垫片数量越少越好，以防止产生振动。

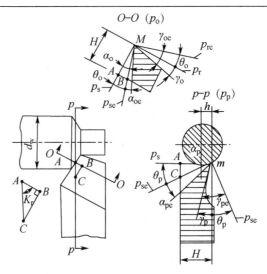

图 1-1-15　车刀安装高、低对车刀工作角度的影响

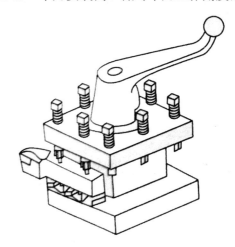

图 1-1-16　正确使用垫片

（2）调整车刀轴线垂直度。车刀轴线要与进给运动方向垂直。如图 1-1-17 所示，在基面内，若车刀轴线在安装时不垂直于进给运动方向，则车刀的工作主偏角和工作副偏角将减小和增大。

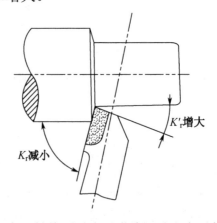

图 1-1-17　车刀轴线不垂直于进给运动方向对加工的影响

（3）调整车刀伸出刀架的长度。一般车刀伸出的长度不应越过刀柄厚度的 1.5 倍。伸出太长，刀杆刚性差，易产生振动，影响工件加工质量和刀具寿命；伸出太短，不易排屑。

车刀在固定时，车刀至少要用两个螺钉压紧在刀架上，并轮流逐个拧紧，拧紧时用力不宜过大。

1.1.4 车削过程

1. 切削运动

在金属切削加工过程中，除了刀具材料硬度必须高于工件材料硬度，刀具与工件之间还必须有相对运动，这样刀具才能切除工件上多余的金属层，这种相对运动就称为切削运动。切削运动按其作用可分为主运动和进给运动，如图 1-1-18 所示。

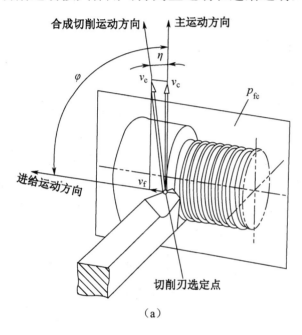

（a）

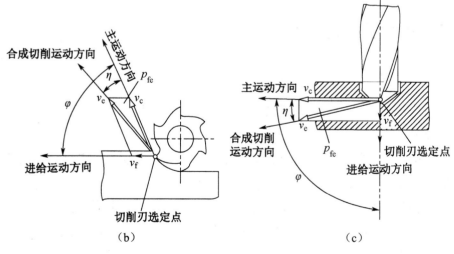

（b）　　　　　　　　　　　（c）

图 1-1-18　切削运动

（1）主运动。主运动是使工件与刀具产生相对运动以进行切削的最基本的运动。主运动由机床提供。主运动的特征是速度最高，消耗功率最多。切削加工中只有一个主运动，它可由工件完成，也可以由刀具完成。如车削时工件的旋转运动，铣削、钻削时铣刀、钻头的旋转运动都是主运动。

（2）进给运动。进给运动是使切削连续或间断地进行下去的运动。它保证切削工作连续或反复进行，从而切除多余金属，形成已加工表面。进给运动的速度较低，消耗功率较少。进给运动可以是一个，也可以是几个；进给运动可以是连续运动，也可以是间歇运动；进给运动可以是工件的运动（如刨削），也可以是刀具的运动（如车削）。

（3）合成切削运动。当主运动与进给运动同时进行时，刀具切削刃上某一点相对工件的运动称为合成切削运动，其大小与方向用合成速度矢量 v_e 表示。

2．车削时工件上的表面

在车削加工过程中，工件上始终有三个不断变化着的表面，如图1-1-19所示。

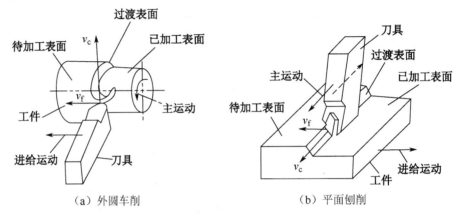

（a）外圆车削　　　　　（b）平面刨削

图 1-1-19　工件上的表面

（1）待加工表面：工件上有待切除的表面。

（2）过渡表面：工件上由切削刃形成的那部分表面。

（3）已加工表面：工件上经刀具切削后形成的表面。

1.1.5　车削加工方法

1．工件的装夹

可采用卡盘、花盘、拨盘、顶尖、中心架、跟刀架、心轴等进行工件装夹。

1）自定心卡盘

自定心卡盘的结构如图1-1-20所示。自定心卡盘分为正爪卡盘和反爪卡盘两种。卡爪随大锥齿轮的转动可以同时做向心或离心径向移动，从而使工件被夹紧或松开。自定心卡盘装夹工件方便，但定心精度不高（磨损所致），工件上同轴度要求较高的表面，应尽可能在一次装夹中车出。当安装直径较大的工件时，可使用"反爪"。自定心卡盘的特点如下。

（1）自动定中心。

（2）夹持力小、传递扭矩不大。

（3）装夹工件为工件的横截面边数是3的整数倍的短工件。

2）单动卡盘

单动卡盘的结构如图1-1-21（a）所示。单动卡盘上的四个爪分别通过传动螺杆实现单动。根据加工的要求，利用划针盘找正后，单动卡盘的安装精度比自定心卡盘的高，工件安装如图 1-1-21（b）所示。单动卡盘的特点如下。

（1）装夹工件须仔细进行找正。

（2）夹紧力较大。

（3）装夹的是横截面是矩形或其他不规则形状的工件。

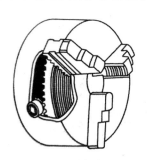
（a）正爪卡盘

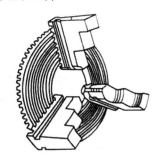
（b）反爪卡盘

图 1-1-20　自定心卡盘的结构

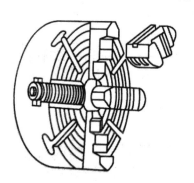
（a）单动卡盘的结构

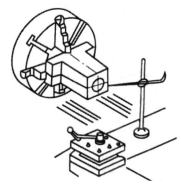
（b）工件安装

图 1-1-21　单动卡盘的结构及工件安装

3）花盘、弯板

花盘上装夹工件如图 1-1-22（a）所示；花盘与弯板配合装夹工件如图 1-1-22（b）所示。花盘端面上有许多长槽，用于穿放螺栓以压紧工件。工件为加工平面对基准面有平行度要求、回转表面对基准面有垂直度要求的形状不对称的复杂工件。若工件偏于一边，则应安放平衡块。

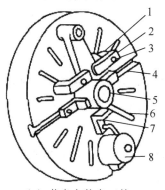
（a）花盘上装夹工件

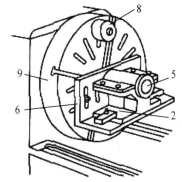
（b）花盘与弯板配合装夹工件

1—垫铁；2—压板；3—座板螺钉；4—T形槽；5—工件；6—弯板；7—可调螺钉；8—配重块；9—花盘

图 1-1-22　花盘、弯板

4）顶尖、拨盘

图 1-1-23 所示为双顶尖装夹工件，可装夹轴、长丝杠等，这种装夹方式精度高，不需要找正，但刚性差。图 1-1-24 所示为一夹一顶装夹工件，即采用一端用自定心卡盘或单动卡盘夹住、另一端用后顶尖顶住的装夹方式，这种装夹方式能装夹较重的轴类件。后顶尖有固定顶尖和回转顶尖两种，如图 1-1-25 所示。

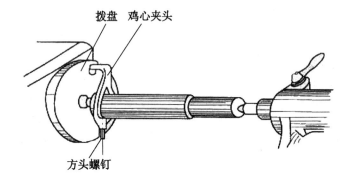

图 1-1-23　双顶尖装夹工件

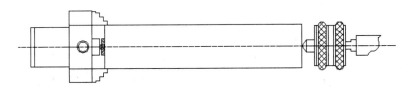

（a）专用支承限位

（b）工件的台阶限位

图 1-1-24　一夹一顶装夹工件

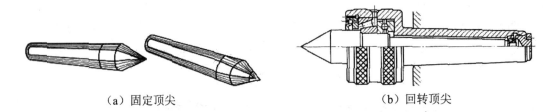

（a）固定顶尖　　　　　　　　　　　（b）回转顶尖

图 1-1-25　后顶尖

固定顶尖：不随工件一起转动，适用于低速加工、精度要求较高的工件。

（1）优点：定心较准确，刚性好，装夹工件比较稳固。

（2）缺点：发热多，易烧坏顶孔。

回转顶尖：随工件一起转动，适用于高速切削、精度要求较低的工件。

使用前、后顶尖装夹工件时的注意事项如下。

（1）前、后顶尖的中心线与车床主轴轴线同轴，否则车出的工件会产生锥度。

（2）在不影响车刀车削的前提下，尾座套筒应尽量伸出短些，增加刚度，减少振动。

（3）中心孔的形状应正确，表面粗糙度值要小。

（4）当后顶尖采用固定顶尖时，由于中心孔与顶尖间为滑动摩擦，故应在中心孔内加入润滑脂（凡士林），以防温度过高而损坏顶尖或中心孔。

（5）前、后顶尖与工件中心孔之间的配合松紧程度必须合适。

5）中心架、跟刀架

当车削长度为直径 20 倍以上的细长轴或端面带有深孔的细长工件时，由于本身的刚性很差，当受切削力的作用时，工件往往容易产生弯曲变形和振动，易被车成两头细中间粗的腰鼓形。为防止上述现象发生，需要附加辅助支承，车削细长轴时，常采用中心架和跟刀架。

（1）中心架。在安装支承爪处车出一段光滑轴颈，轴颈的直径比工件的最后尺寸略大，宽度比支承爪略宽。中心架可提高细长轴的支承刚度和加工精度。图 1-1-26 所示为中心架支承车削细长轴。

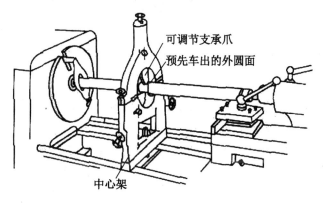

图 1-1-26　中心架支承车削细长轴

（2）跟刀架。当细长轴不允许有接刀时，可用跟刀架代替中心架装夹工件。跟刀架固定在车床的床鞍上，能同刀具一起移动。使用跟刀架时，先在工件右端车出一段外圆，再调整卡爪与工件接触，支承爪处加注机油，主轴转速不宜过高。图 1-1-27（a）所示为跟刀架支承车削细长轴，图 1-1-27（b）所示为两爪跟刀架，图 1-1-27（c）所示为三爪跟刀架。

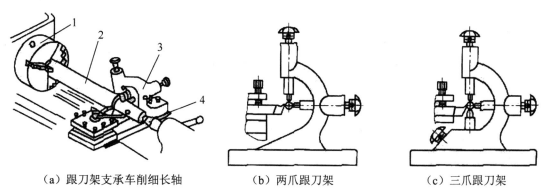

（a）跟刀架支承车削细长轴　　　（b）两爪跟刀架　　　（c）三爪跟刀架

1—自定心卡盘；2—工件；3—跟刀架；4—顶尖

图 1-1-27　跟刀架

6）心轴

精加工盘套类零件时，如孔与外圆的同轴度，以及孔与端面的垂直度要求较高，工件需在心轴上装夹进行加工，如图 1-1-28 所示。这时应先加工孔，然后以孔定位将工件安装在心轴上，最后一起安装在两顶尖上进行外圆和端面的加工。

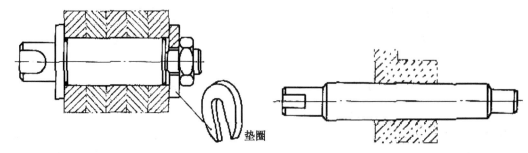

垫圈

图 1-1-28　工件在心轴上装夹

2. 轴类零件车削

1）车外圆

外圆车削是车削工作中最常见、最普通的一种加工方式，必须熟练掌握其基本功。

（1）车外圆常用的车刀。90°偏刀、45°弯头车刀、75°直头外圆车刀是车外圆常用的三种车刀，如图 1-1-29 所示。

① 90°偏刀：适于加工带垂直台阶的外圆和端面。

② 45°弯头车刀：适于车削不带台阶的光滑轴。

③ 75°直头外圆车刀：这种车刀强度较好，常用于粗车外圆。

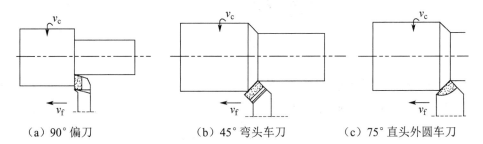

（a）90°偏刀　　　　（b）45°弯头车刀　　　　（c）75°直头外圆车刀

图 1-1-29　车外圆车刀

（v_c 表示工件绕轴线做回转运动）

（2）车削步骤。图 1-1-30 所示为车削基本操作步骤。

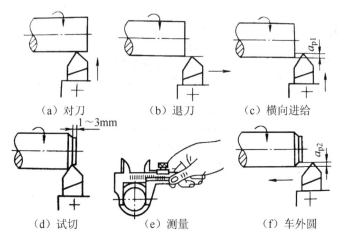

（a）对刀　　　　（b）退刀　　　　（c）横向进给

（d）试切　　　　（e）测量　　　　（f）车外圆

图 1-1-30　车削基本操作步骤

① 对刀。正确安装工件和车刀，合理检测工件尺寸。做到心中有数后，便可以启动机床，使工件逆时针方向旋转。摇动床体、中滑板手柄，使车刀尖轻轻接触工件右端面处的外圆表面。

② 退刀。对刀后，中滑板手柄保持不动，摇动床鞍手柄使车刀向尾座方向退出，距工件端面 3～5mm，即纵向退刀。

③ 横向进给。按要求横向进给 a_{p1}。

④ 试切。试切 1～3mm。

⑤ 测量。不动中滑板手柄，纵向退出车刀，停机测量工件。

⑥ 车外圆。若尺寸不到，再横向进给 a_{p2}。在车削到需要长度时，立即停止进给；先横向退刀，然后纵向退刀，最后停机。注意不能先停机后退刀，否则会造成车刀崩刃；若先纵向退刀，会破坏已加工表面的表面粗糙度。

（3）粗车和精车。为了提高生产效率、保证加工质量、延长刀具寿命，常把车削加工分为粗车和精车。

① 粗车的目的是尽快地切去多余的金属层，使工件接近于最后的形状和尺寸。粗车后应留 0.5～1mm 的加工余量。

② 精车是指切去余下少量的金属层以获得零件所要求的精度和表面粗糙度，因此背吃刀量较小，为 0.1～0.2mm，切削速度则可用较高速或较低速，初学者可用较低速。为了减小工件表面粗糙度值，用于精车的车刀的前、后刀面应采用磨石加机油磨光，有时刀尖磨成一个小圆弧。

2）切断和车外圆沟槽

在车削加工中，经常需要把较长的原材料切成一段一段的毛坯，然后进行加工；也有一些工件在车削加工后，再从材料上切下来，这种加工方法称为切断。有时为了满足车螺纹或磨削时退刀的需要，在靠近台阶处需车出各种不同的沟槽。

切断刀的安装。工件切断时用夹盘装夹，以保证有足够大的夹紧力，而且工件的切断处靠近夹盘，切断工件如图 1-1-31 所示，用两个直角尺加切断刀进行安装，保证切断刀与工件轴线垂直。图 1-1-32 所示为装切断刀的方法。

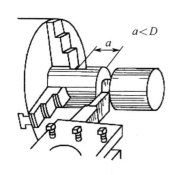

图 1-1-31　切断工件

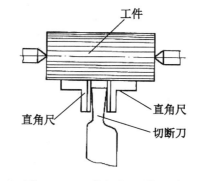

图 1-1-32　装切断刀的方法

切断时应注意的事项。

① 切断刀本身的强度很差，很容易折断，所以操作时要特别小心。

② 应采用较低的切削速度和较小的进给量。

③ 调整好车床主轴和刀架滑动部分的间隙。

④ 切断时还应充分使用切削液，使排屑顺利。

⑤ 快切断时必须放慢进给速度。

车外沟槽的方法。

① 在车削宽度不大的沟槽时，可用刀头宽度等于槽宽的切槽刀一刀车出。

② 在车削较宽的沟槽时，应先用外圆车刀的刀尖在工件上刻两条线，把沟槽的宽度和位置确定下来，然后用切槽刀在两条线之间进行粗车，但这时必须在槽的两侧面和槽的底部留下精车余量，最后根据槽宽和槽深进行精车。

3）车端面

用45°弯头车刀和左偏刀车端面，如图1-1-33所示。

（1）用45°弯头车刀车端面。45°弯头车刀的刀尖角等于90°，刀尖强度要比偏刀的大，不仅可用于车端面，还可用于车外圆和倒角等。

（2）用左偏刀车端面。用左偏刀由外向中心车端面，用主切削刃切削，切削条件有所改善。

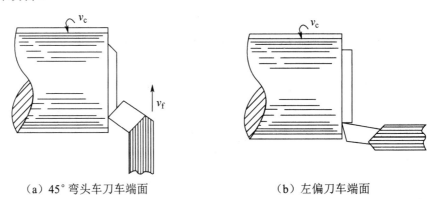

（a）45°弯头车刀车端面　　　　　　（b）左偏刀车端面

图1-1-33　车端面

（v_c表示工件运动方向，v_f表示刀具进给方向）

4）车台阶

车台阶要先车直径较大的一段，保证多级台阶轴的刚性。台阶轴的车削步骤如图1-1-34所示。

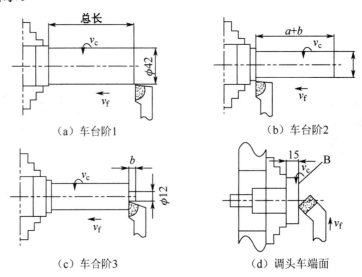

（a）车台阶1　　　　　　（b）车台阶2

（c）车台阶3　　　　　　（d）调头车端面

图1-1-34　台阶轴的车削步骤

（1）低台阶车削方法。较低的台阶面可用偏刀在车外圆时一次进给同时车出，车刀的主切削刃要垂直于工件的轴线,如图 1-1-35(a)所示,可用直角尺对刀或以车好的端面来对刀,如图 1-1-35(b)所示,使主切削刃和端面贴平。

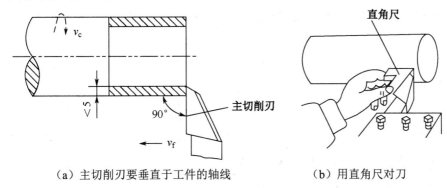

（a）主切削刃要垂直于工件的轴线　　　　（b）用直角尺对刀

图 1-1-35　车低台阶

（2）高台阶车削方法。车削高于 5mm 的台阶时,因肩部过宽,车削时会引起振动,可先用外圆车刀把台阶车成大致形状,然后将偏刀的主切削刃与工件端面有 5° 左右的间隙进行安装,分层进行切削,如图 1-1-36(a)所示,但最后一刀必须用横向进给完成,如图 1-1-36(b)所示,否则会使车出的台阶偏斜。为使台阶长度符合要求,可用刀尖预先刻出线痕,以此作为加工界限。

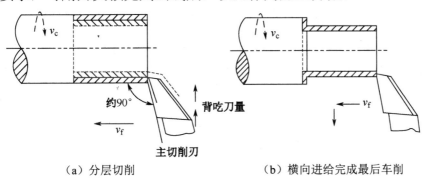

（a）分层切削　　　　　（b）横向进给完成最后车削

图 1-1-36　车高台阶

1.1.6　切削用量及其选择

1. 切削用量

切削速度、进给量（或进给速度）和背吃刀量被称为切削用量,如图 1-1-37 所示。

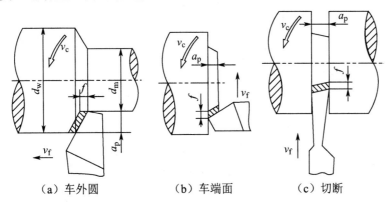

（a）车外圆　　　　（b）车端面　　　　（c）切断

图 1-1-37　切削用量

（1）切削速度 v_c。切削速度是刀具切削刃上选定点相对于工件主运动的瞬时线速度，单位是 m/s 或 m/min。

当主运动是回转运动时，切削速度由下式确定，即

$$v_c=\pi dn/1000$$

式中 d——完成主运动的刀具或工件上某一点的回转直径（mm）；

n——主运动的转速（r/min 或 r/s）。

当转速 n 一定时，回转直径不同，切削速度也不相同。考虑到刀具的磨损和切削功率等因素，计算时取各点切削速度最大值，即进取直径最大值进行计算。

（2）进给量 f。进给量是指刀具在进给运动方向上相对于工件的位移量。在主运动每转或每行程中，工件或刀具沿进给运动方向上的位移量，也称为每转或每行程进给量。

进给运动的度量常用进给速度 v_f 表示，其定义为切削刃上选定点相对于工件进给运动的瞬时速度，单位为 mm/s 或 mm/min。

多齿刀具（如铣刀等）以每齿进给量 f_z（mm/z）表示进给速度。它们之间的关系为

$$v_f=fn=f_zZ_n$$

式中 n——刀具转速（r/s 或 r/min）；

Z——刀具的齿数。

（3）背吃刀量 a_p。背吃刀量一般指工件上已加工表面和待加工表面间的垂直距离。车外圆时，

$$a_p=(d_w-d_m)/2$$

式中 d_w——待加工表面直径（mm）；

d_m——已加工表面直径（mm）。

2．切削用量的选择

在切削加工过程中，需要针对不同的工件材料、刀具材料和其他技术要求来选定适宜的切削速度、进给量（或进给速度）和背吃刀量，它是调整机床，以及计算切削力、切削功率、工时定额的重要参数。

1）背吃刀量 a_p 的选择

粗车时选择较大的背吃刀量，以减少进给次数，背吃刀量一般为 2～5mm；精车时选择较小的背吃刀量，以提高工件加工精度和表面质量，背吃刀量一般为 0.5～1mm。

2）进给量 f 的选择

进给量与背吃刀量有关，先确定背吃刀量，再确定进给量。

（1）粗加工时的进给量。在不大于机床进给机构强度、不超过刀杆强度、不顶弯工件等条件下，选择较大的进给量。粗车时进给量一般为 0.3～1.5mm/r。硬质合金及高速钢车刀粗车外圆和端面时进给量的选取如表 1-1-4 所示。

表 1-1-4　硬质合金及高速钢车刀粗车外圆和端面时进给量的选取

工件材料	车刀刀杆尺寸 (B/mm)×(H/mm)	工件直径 /mm	背吃刀量/mm			
			≤3	>3～5	>5～8	>8～12
			进给量/（mm/r）			
碳钢及合金钢	16×25	20	0.3～0.4	—	—	—
		40	0.4～0.5	0.3～0.4	—	—
		60	0.5～0.7	0.4～0.6	0.3～0.5	—
		100	0.6～0.9	0.5～0.7	0.5～0.6	0.4～0.5
		400	0.8～1.2	0.7～1.0	0.6～0.8	0.5～0.6
	20×30 25×25	20	0.3～0.4	—	—	—
		40	0.4～0.5	0.3～0.4	—	—
		60	0.6～0.7	0.5～0.7	0.4～0.6	—
		100	0.8～1.0	0.7～0.9	0.5～0.7	0.4～0.7

（2）精加工时的进给量。半精加工和精加工时，进给量直接影响工件的表面粗糙度。应根据工件的表面粗糙度值、工件材料、刀尖圆弧半径、切削速度等条件选择进给量。切削速度越大，刀尖圆弧半径越大，可选择较大的进给量，提高生产效率。精车时进给量一般为 0.05～0.3mm/r。按表面粗糙度选择进给量如表 1-1-5 所示。

表 1-1-5　按表面粗糙度选择进给量

工件材料	表面粗糙度 Ra/μm	切削速度 /（m/min）	刀尖圆弧半径/mm		
			0.5	1.0	2.0
			进给量/(mm/r)		
碳钢及合金钢	10～5	<50	0.30～0.50	0.45～0.60	0.55～0.70
		>50	0.40～0.55	0.55～0.65	0.65～0.70
	5～2.5	<50	0.18～0.25	0.25～0.30	0.30～0.40
		>50	0.25～0.30	0.30～0.35	0.35～0.50
	2.5～1.25	<50	0.1	0.11～0.15	0.15～0.22
		50～100	0.11～0.16	0.16～0.25	0.25～0.35
		>100	0.16～0.20	0.20～0.25	0.25～0.35

3）切削速度 v_c 的选择

粗加工时，背吃刀量和进给量都较大，切削速度主要受刀具寿命和机床功率的限制，切削速度较低；精加工时，背吃刀量和进给量都较小，切削速度主要受工件加工质量和刀具寿命的限制，切削速度较高。硬质合金外圆车刀切削速度的参考值如表 1-1-6 所示。

表 1-1-6　硬质合金外圆车刀切削速度的参考值

工件材料	热处理状态	a_p 为 0.3～2mm f 为 0.08～0.3mm/r	a_p 为 2～6mm f 为 0.3～0.6mm/r	a_p 为 6～10mm f 为 0.6～1mm/r
		切削速度/（m/s）		
低碳钢	热轧	2.33～3.0	1.67～2.0	1.17～1.5
中碳钢	热轧	2.17～2.67	1.5～1.83	1.0～1.33
	调质	1.67～2.17	1.17～1.5	0.83～1.17
工具钢	退火	1.5～2.0	1.0～1.33	0.83～1.17

1.1.7 凸模零件的车削加工

1．凸模零件车削加工工艺分析

1）毛坯与热处理

（1）凸模零件的材料。凸模零件为单件生产，选用 Cr12MoV。

（2）凸模零件毛坯种类。凸模为轴类零件，直径比较小，且台阶不大，因此采用圆棒料。下料可采用锯床下料方法。

（3）毛坯尺寸的确定。凸模零件外圆最大直径为 24mm，加工余量查表 1-1-7，取 3mm。再查常用热轧圆钢直径尺寸规格表（见表 1-1-8），选定毛坯直径为 27mm。单端面长度余量一般为 1～2mm，工作端面预留 5mm 余量，切除中心孔，取总余量为 9mm，因此凸模零件毛坯尺寸为 ϕ27mm×64mm。

表 1-1-7 黑色金属轴类零件的外圆加工余量

零件公称直径/mm	零件长度与公称直径之比			
	≤4	>4～8	>8～12	>12～20
	直径方向的余量/mm			
3～6	2	2	2	2
6～10	2	2	3	3
10～18	2	2	3	4
18～30	3	3	4	4
30～50	4	4	5	5
50～80	5	5	8	8

表 1-1-8 热轧圆钢直径尺寸规格

圆钢直径/mm	理论质量/（kg/m）	圆钢直径/mm	理论质量/（kg/m）	圆钢直径/mm	理论质量/（kg/m）
5.5	0.19	26	4.17	63	24.50
6	0.22	27	4.49	65	26.00
6.5	0.26	28	4.83	68	28.50
7	0.30	29	5.18	70	30.20
8	0.40	30	5.55	75	34.70
9	0.50	31	5.92	80	39.50
10	0.62	32	6.31	85	44.50
11	0.75	33	6.71	95	55.60
12	0.89	34	7.13	100	61.70
13	1.04	35	7.55	105	68.00
14	1.21	36	7.99	110	74.60
15	1.39	38	8.90	115	81.50
16	1.58	40	9.86	120	88.80
17	1.78	42	10.90	125	96.30
18	2.00	45	12.50	130	104.00
19	2.23	48	14.20	140	121.00
20	2.47	50	15.40	150	139.00
21	2.72	53	17.30	160	158.00
22	2.98	55	18.60	170	178.00
23	3.26	56	19.30	180	200.00
24	3.55	58	20.70	190	223.00
25	3.85	60	22.20	200	247.00

注：表中热轧圆钢的理论质量是按密度为 7.85 g/cm³ 计算的。

（4）预备热处理的确定，调质硬度为220～250HBW。

2）确定各表面加工方法

零件各表面加工方法主要由该表面所要求的加工精度和表面粗糙度来确定。

（1）零件大端面和$\phi24$mm外圆。只要粗车就能达到技术要求。

（2）零件小端面，$\phi18^{+0.018}_{+0.007}$mm和$\phi16.2^{0}_{-0.011}$采用车削不能达到技术要求，还需要磨削才能保证。工艺过程为棒料毛坯→粗车→半精车→粗磨→半精磨。

确定加工余量和工序尺寸$\phi18^{+0.018}_{+0.007}$mm表面。棒料毛坯（尺寸为$\phi27$mm，直径余量为7.5mm）→粗车（尺寸为$\phi19.5$mm，直径余量为1.3mm）→半精车（尺寸为$\phi18.2$mm，直径余量为0.12mm）→查半精车外圆加工余量表（见表1-1-9），可得$\phi18^{+0.018}_{+0.007}$mm表面粗车后，半精车余量为1.3mm。查半精车后磨外圆的加工余量表（见表1-1-10），可得$\phi18^{+0.018}_{+0.007}$mm表面半精车后，粗磨余量为0.12mm，半精磨余量为0.08mm。

表1-1-9 半精车外圆加工余量 （单位：mm）

零件公称尺寸	直径余量			
	未经热处理		经热处理	
	折算长度			
	≤200	>200～400	≤200	>200～400
3～6	0.5	—	0.8	—
>6～10	0.8	1.0	1.0	1.3
>10～18	1.0	1.3	1.3	1.5
>18～30	1.3	1.3	1.3	1.5
>30～50	1.4	1.5	1.5	1.9
>50～80	1.5	1.8	1.8	2.0

表1-1-10 半精车后磨外圆加工余量 （单位：mm）

零件公称尺寸	直径余量			
	热处理后			
	粗磨		半精磨	
	折算长度			
	≤200	>200～400	≤200	>200～400
3～6	0.1	0.12	0.05	0.08
>6～10	0.12	0.20	0.08	0.10
>10～18	0.12	0.20	0.08	0.10
>18～30	0.12	0.20	0.08	0.10
>30～50	0.20	0.25	0.10	0.15
>50～80	0.25	0.30	0.15	0.20

加工凸模$\phi18^{+0.018}_{+0.007}$mm外圆柱表面各工序尺寸及公差计算如表1-1-11所示。

表 1-1-11　加工凸模 $\phi 18^{+0.018}_{+0.007}$ mm 外圆柱表面各工序尺寸及公差计算

（单位：mm）

工序	工序余量	工序尺寸公差	工序尺寸
半精磨	0.08	0.011（m6）	$\phi 18^{+0.018}_{+0.007}$
粗磨	0.12	0.033（h8）	$\phi 18.08^{0}_{-0.033}$
半精车	1.3	0.084（h10）	$\phi 18.2^{0}_{-0.084}$
粗车	7.5	0.33（h13）	$\phi 19.5^{0}_{-0.035}$
毛坯			$\phi 27$

（3） $\phi 16.2^{0}_{-0.011}$ mm 表面与 $\phi 18$ mm 表面都被车削到尺寸 $\phi 18.2$ mm→半精车 $\phi 16.2^{0}_{-0.011}$ mm 表面（尺寸为 $\phi 16.4$ mm，直径余量为 0.12mm）→粗磨（尺寸为 $\phi 16.28$ mm，直径余量为 0.08mm）→半精磨（尺寸为 $\phi 16.2$ mm）。

加工凸模 $\phi 16.2^{0}_{-0.011}$ mm 外圆柱表面各工序尺寸及公差计算如表 1-1-12 所示。

表 1-1-12　加工凸模 $\phi 16.2^{0}_{-0.011}$ mm 外圆柱表面各工序尺寸及公差计算

（单位：mm）

工序	工序余量	工序尺寸公差	工序尺寸
半精磨	0.08	0.011（h8）	$\phi 16.2^{0}_{-0.011}$
粗磨	0.12	0.027（h8）	$\phi 16.28^{0}_{-0.027}$
半精车	1.8	0.070（h10）	$\phi 16.4^{0}_{-0.070}$
半精车		0.084（h10）	$\phi 18.2^{0}_{-0.084}$

（4） $\phi 24$ mm 表面和各长度尺寸。尺寸公差等级为精密级，大端留 0.1mm 装配的配磨余量，小端工作部分留 5mm，切除中心孔。

2．凸模零件车削加工机床和工艺装备

（1）凸模零件车削加工机床的准备。车削加工机床选用 CA6140 型卧式车床。

（2）凸模零件车削加工夹具的准备。采用通用车床夹具，规格为 $\phi 250$ mm 的自定心卡盘、莫氏 4 号顶尖、钻夹头和鸡心夹头。

（3）凸模零件车削加工刀具的准备。选用 45° 硬质合金焊接车刀、90° 硬质合金焊接车刀、复合中心钻 A1.5、宽 2mm 的切断刀。

（4）凸模零件车削加工量具的准备。选用带深度测量的 0～150mm 外径游标卡尺。

3．凸模零件车削加工工艺

1）车端面

（1）粗车端面。用 45° 硬质合金焊接车刀，切削用量如下所述。

① 背吃刀量 a_p 为 2～5mm。

② 进给量。查表 1-1-4，选择进给量 $f=0.3$ mm/r。

③ 切削速度。查表 1-1-6，选择切削速度 $v_c=1.5$ m/s=90m/min，计算主轴转速为

$$n=1000v_c=1000\times90/(3.14\times27)\,\mathrm{r/min}=1061.6\,\mathrm{r/min}$$

实际调整车床主轴转速 $n=870\mathrm{r/min}$。

（2）半精车端面。用 $45°$ 硬质合金焊接车刀，切削用量如下所述。

① 背吃刀量 $a_p=1\mathrm{mm}$。

② 进给量。查表 1-1-5，选择进给量 $f=0.1\mathrm{mm/r}$。

③ 切削速度。查表 1-1-6，选择切削速度 $v_c=2\mathrm{m/s}=120\mathrm{m/min}$，计算主轴转速，实际调整车床主轴转速 $n=1400\mathrm{r/min}$。

2）钻中心孔

机床转速调到 $870/\mathrm{min}$，将复合中心钻 A1.5 装在钻夹头中夹紧，插入车床尾部的套筒中，将尾座推到距工件适当的位置，固定车床尾座。慢速、均匀地摇动尾座手轮，将中心钻钻入工件，同时注入切削液，并退刀，以便清除切屑。

3）车另一端面，钻中心孔

调头装夹工件，保证总长为 $60.1\mathrm{mm}$。钻中心孔 A1.5，用 $0\sim150\mathrm{mm}$ 外径游标卡尺进行检测。

4）车退刀槽

用宽 $2\mathrm{mm}$ 的切断刀车 $2\mathrm{mm}\times0.5\mathrm{mm}$ 的退刀槽。切削用量：背吃刀量 $a_p=0.5\mathrm{mm}$，进始量 $f=0.05\mathrm{mm/r}$，主轴转速 $n=560\mathrm{r/min}$。

5）车 $\phi18^{+0.018}_{+0.007}\,\mathrm{mm}$ 外圆

（1）用 $90°$ 硬质合金焊接车刀粗车 $\phi27\mathrm{mm}$ 外圆至 $\phi19.5^{\ 0}_{-0.33}\,\mathrm{mm}$，进给两次。切削用量：背吃刀量 a_p 为 $2\mathrm{mm}$、$1.75\mathrm{mm}$，进给量 $f=0.3\mathrm{mm/r}$，主轴转速 $n=870\mathrm{r/min}$。

（2）用 $90°$ 硬质合金焊接车刀精车 $\phi19.5^{\ 0}_{-0.33}\,\mathrm{mm}$ 外圆至 $\phi18.2^{\ 0}_{-0.084}\,\mathrm{mm}$。切削用量：背吃刀量 $a_p=0.65\mathrm{mm}$，进给量 $f=0.1\mathrm{mm/r}$，主轴转速 $n=1400\mathrm{r/min}$。

6）车 $\phi16.2^{\ 0}_{-0.011}\,\mathrm{mm}$ 外圆

用 $90°$ 硬质合金焊接车刀精车 $\phi18.2^{\ 0}_{-0.084}\,\mathrm{mm}$ 外圆至 $\phi16.4^{\ 0}_{-0.070}\,\mathrm{mm}\times38\mathrm{mm}$，进给两次。用 $45°$ 硬质合金焊接车刀倒角。切削用量：背吃刀量 a_p 为 $0.5\mathrm{mm}$、$0.4\mathrm{mm}$，进给量 $f=0.1\mathrm{mm/r}$，主轴速度 $n=1400\mathrm{r/min}$。

7）车大端 $\phi24\mathrm{mm}$ 外圆

调头用两顶尖装夹工件，用 $90°$ 硬质合金焊接车刀粗车外圆至尺寸。切削用量：背吃刀量 $a_p=1.5\mathrm{mm}$，进给量 $f=0.3\mathrm{mm/r}$，主轴转速 $n=870\mathrm{r/min}$。

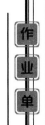

项目一	轴、套类零件机械加工	任务1	导柱车削加工
实践方式	小组成员动手实践，教师巡回指导	计划学时	6

实践内容

填写项目一工作页中的计划单、决策单、材料工具单、实施单、检查单、评价单等。

学生任务：完成图1-1-38所示的盖子导柱零件的车削加工。

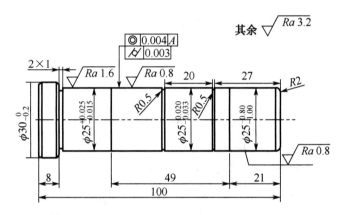

图1-1-38　盖子导柱零件

技术要求：
1. 材料20钢。
2. 渗碳深度为0.8～1.2mm，淬火硬度为58～62HRC。
3. 未倒角为1×45°。

1. 小组讨论，共同制订计划，完成计划单。

2. 小组根据班级各组计划，综合评价方案，完成决策单。

3. 小组成员根据需要完成的工作任务，完成材料工具单。

4. 小组成员共同研讨，确定动手实践的实施步骤，完成实施单。

5. 小组成员根据实施单中的实施步骤，车削、磨削加工盖子导柱零件。

6. 检测小组成员加工的导柱零件，完成检查单。

7. 按照专业能力、社会能力、方法能力三方面综合评价每位学生，完成评价单。

班级		姓名		第　　组	日期	

项目一	轴、套类零件机械加工	任务 2	导柱磨削加工
任务学时		6	

布置任务

工作目标	1．掌握常用砂轮的种类、特性及选用。 2．掌握外圆磨削加工设备附件的选用。 3．掌握外圆磨床的使用和磨削用量的选择。 4．掌握用外圆磨床加工导柱零件的操作步骤。 5．掌握使用外径千分尺测量外圆尺寸的方法。
任务描述	在万能外圆磨床上磨削加工图 1-2-1 所示的导柱零件端面。 *Ra* 0.4　　*C*1　　*Ra* 0.4　　*Ra* 0.4 $\phi24$　　$\phi18^{+0.018}_{-0.017}$　　$\phi16^{0}_{-0.01}$ 2×0.5　　5　　30　　55 技术要求： 1．淬火硬度为 58～62HRC。 2．未注公差按 GB/T 1804—2000 标准中提到的 *f*。 图 1-2-1　导柱零件端面

学时安排	获取信息 2 学时	计划 0.5 学时	决策 0.5 学时	实施 2 学时	检查 0.5 学时	评价 0.5 学时

提供资源	1．零件图样和工艺规程。 2．教案、课程标准、多媒体课件、加工视频、参考资料、车工/磨工岗位技术标准等。 3．磨床有关的工具和量具。
对学生的要求	1．学生具备模具零件图的识图能力，掌握模具零件的材料性质。 2．磨削时必须遵守安全操作规程，做到文明操作。 3．加工的导柱零件尺寸要符合技术要求。 4．以小组的形式进行学习、讨论、操作、总结，每位学生必须积极参与小组活动，进行自评和互评；上交一个零件，并对自己的产品进行分析。

项目一	轴、套类零件机械加工	任务 2	导柱磨削加工
获取信息 学时	2		
获取信息 方式	观察事物、观看视频、查阅书籍、利用互联网及信息单查询问题、咨询教师		
获取信息 问题	1. 万能外圆磨床的主要组成部件有哪些？ 2. 磨料的种类和用途有哪些？ 3. 粒度号 F46 的含义是什么？ 4. 常用结合剂的种类、性能及用途有哪些？ 5. 砂轮硬度和材料硬度的区别是什么？ 6. 外圆磨削的方法有哪几种？ 7. 磨削用量有哪些？ 8. 砂轮的圆周速度一般为多少？ 9. 粗磨及精磨时纵向进给量如何选择？ 10. 学生需要单独获取信息的问题……		
获取信息 引导	1. 问题 1 可参考信息单 1.2.1 节的内容。 2. 问题 2 可参考信息单 1.2.2 节的内容。 3. 问题 3 可参考信息单 1.2.2 节的内容 4. 问题 4 可参考信息单 1.2.2 节的内容。 5. 问题 5 可参考信息单 1.2.2 节的内容。 6. 问题 6 可参考信息单 1.2.4 节的内容。 7. 问题 7 可参考信息单 1.2.5 节的内容。 8. 问题 8 可参考信息单 1.2.5 节的内容。 9. 问题 9 可参考信息单 1.2.5 节的内容。		

任务2　导柱磨削加工 ●●●●●

1.2.1　万能外圆磨床

图 1-2-2 所示为 M1432A 型万能外圆磨床外形图。

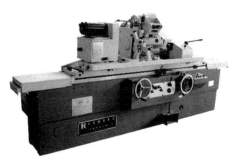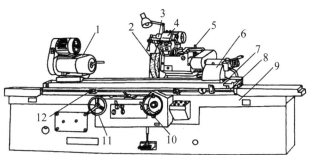

1—头架；2—砂轮；3—内圆磨头；4—磨架；5—砂轮架；6—尾座；7—上工作台；
8—下工作台；9—床身；10—横向进给手轮；11—纵向进给手轮；12—换向挡块

图 1-2-2　M1432A 型万能外圆磨床外形图

万能外圆磨床由下列主要部件组成。

1．床身

床身用于支承和连接各部件。其上部装有工作台和砂轮架，内部装有液压传动系统、电气装置和其他传动机构。床身上的纵向导轨供上工作台 7、下工作台 8 移动用，横向导轨供砂轮架 5 移动用。

2．工作台

工作台由液压驱动，沿床身的纵向导轨做直线往复运动，使工件实现纵向进给。在工作台前侧面的 T 形槽内，装有两个换向挡块 12，用以控制工作台自动换向；工作台也可手动，通过纵向进给手轮 11 操纵。上工作台 7 可相对下工作台 8 的中心回转较小的角度，以磨削较小的长圆锥面。

3．头架

头架 1 安装在上工作台 7 上，头架上有主轴，主轴端部可以安装顶尖、拨盘或卡盘，以便装夹工件。主轴由单独的电动机通过带传动的变速机构带动，使工件可获得 6 种不同的转速。头架可在水平面内偏转一定的角度，可磨削短圆锥面；头架逆时针回转 90°，可磨削小平面。

4．尾座

尾座 6 安装在上工作台 7 上，可以沿工作台面上的导轨纵向移动。尾座的套筒内装有顶尖，可用它支承工件的一端，在两顶尖间装夹工件。在尾座套筒的后端装有弹簧，以调节对工件的压力。

5．砂轮架

砂轮架 5 用来安装砂轮，并由单独的电动机通过传动带直接传动。砂轮架可在床身后部的导轨上做横向移动。移动方式有自动间歇进给、手动进给、快速接近工件和退出。砂轮架可绕垂直轴旋转一定角度，以磨削锥角较大的圆锥面。

6．内圆磨头

内圆磨头 3 装在磨架 4 上，用来磨削内圆表面。内圆磨削砂轮装在砂轮架的主轴上，由一个电动机经传动带直接传动。内圆磨头使用时翻下，不用时翻向砂轮架上方。

1.2.2　砂轮的选择

1．砂轮的特性

磨削加工最常用的磨具是砂轮。砂轮是由许多细小而坚硬的磨粒用结合剂结成的多孔体，如图 1-2-3 所示，磨粒、结合剂、网状空隙构成砂轮结构的三要素。磨削时，砂轮工作面上外露的磨粒担负着切削工作。磨粒必须锋利、坚韧，并能承受切削高温。

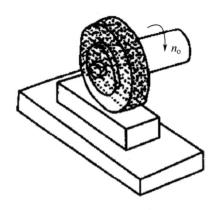

图 1-2-3　砂轮

砂轮的特性包括磨料、粒度、结合剂、组织、硬度、形状和尺寸等方面，对工件的加工质量和生产效率影响很大。

（1）磨料。磨料是制造砂轮的主要材料，常用的磨料有两类：一类是刚玉类，它的主要成分是 Al_2O_3，适用于磨削抗拉强度较大的材料，如钢料及一般刀具；另一类是碳化硅（SiC）类，它的主要成分是碳化硅、碳化硼，其硬度比氧化铝的高，磨粒锋利，但韧性差，适用于磨削脆性材料，如铸铁、硬质合金。常用磨料名称、代号如表 1-2-1 所示。

表 1-2-1 常用磨料名称、代号

系列	磨料	代号	特性	适用范围
刚玉类	棕刚玉	A	呈棕褐色，韧性好	适于磨削碳素钢、合金钢、可锻铸铁和硬青铜等
	白刚玉	WA	呈白色，硬度高，韧性稍低	适于磨削淬火钢、高速钢、高碳钢及薄壁零件
	铬刚玉	PA	玫瑰红色，硬度稍低，韧性比白刚玉的好，磨削表面粗糙度值小	适于磨削高速钢、不锈钢等
碳化硅类	黑色碳化硅	C	有光泽，导热性和导电性好	适于磨削铸铁、黄铜、铝、耐火材料及非金属材料等
	绿色碳化硅	GC	呈绿色，比黑色碳化硅硬度高，导热性好，但韧性差	适于磨削硬质合金、宝石、陶瓷和玻璃等材料

（2）粒度。粒度表示磨粒颗粒的大小。粒度有两种表示方法：筛分法、光电沉降仪法（或称为降管粒度仪法）。筛分法是以网筛孔尺寸来表示的。微粉是以沉降时间来测定的。粗磨粒按 GB/T 2481.1—1998 规定分 F4～F220 共 26 个号，粒度号越小，磨粒越粗。微粉按规定分 F230～F1200 共 11 个号（沉降粒度仪），粒度号越大，磨粒相应也越细。

磨粒粒度的选择主要与磨削生产效率和加工表面粗糙度有很大关系。一般来说，粗磨用粗磨粒，精磨用细磨粒。当工件材料软、塑性大、磨削面积大时，为避免堵塞砂轮，应该采用粗磨粒。磨粒越细，加工表面的表面粗糙度值越小。

（3）结合剂。结合剂是将细小的磨粒黏固成砂轮的结合物质，砂轮的强度、抗冲击性、耐热性及耐蚀性主要取决于结合剂的性能。常用结合剂的种类、性能及用途如表 1-2-2 所示。

表 1-2-2 常用结合剂的种类、性能及用途

名称	代号	成分	性能	用途
陶瓷结合剂	V	由黏土、长石、滑石、硼玻璃和硅石等陶瓷材料配成	化学性质稳定、耐水、耐酸、耐热、价廉、性脆	大多数砂轮（90%以上）都采用陶瓷结合剂。所制成砂轮的线速度一般为 35m/s
树脂结合剂	B	酚醛树脂，也可采用环氧树脂	强度高，弹性好，但耐热性差、耐蚀性差	多用于高速磨削、切断和开槽等
橡胶结合剂	R	合成橡胶或天然橡胶	强度高、弹性好、锐性好，但耐酸性、耐油性及耐热性差，磨削时有臭味	适于无心磨的导轮、抛光轮及薄片砂轮等
金属结合剂	J	青铜、电镀镍	强度高、成型性好，有一定韧性，但自锐性差	用于制造各种金刚石砂轮

（4）组织。砂轮的组织是指磨粒、结合剂和气孔三者体积的比例关系，用来表示砂轮内部结构紧密或疏松的程度。砂轮组织号的大小，表示磨粒在磨具中占有的体积百分数。砂轮组织号越小，组织越紧密，磨粒占砂轮体积的百分比越大。

（5）硬度。砂轮的硬度表示磨粒受切削作用而脱落的难易程度，磨粒不易脱落的砂轮，称为硬砂轮；磨粒易脱落的砂轮，称为软砂轮。在磨削硬度高的材料时，砂轮的硬度应高些，反之应低些。在成型磨削和精密磨削时，砂轮的硬度应更高些。

2．砂轮的选用

1）磨料按工件材料及其热处理方法选择

工件材料为一般钢材，磨料选用棕刚玉；工件材料为淬火钢、高速钢，磨料可选用白刚玉或铬刚玉；工件材料为硬质合金，磨料可选用人造金刚石或绿色碳化硅；工件材料为铸铁、黄铜，磨料可选用黑色碳化硅。

2）粒度按工件表面粗糙度和加工精度选择

细粒度的砂轮可磨出光洁的表面，粗粒度则相反；粗粒度的砂轮，其磨粒粗大，砂轮的磨削效率高。粗磨时选用粗粒度砂轮，精磨时选用细粒度砂轮。粒度的选择如表 1-2-3 所示。

表 1-2-3　粒度的选择

粒度号	适用范围
F14 以下	用于荒磨或重负荷磨削
F14～F46	用于一般平面磨、外圆磨、无心磨、工具磨等磨床上粗磨淬火钢、黄铜
F60～F100	用于精磨各种刀具的刃磨、螺纹
F100～F220	用于刀具的刃磨、精磨
F150～F1000	用于精密仪器部件的精磨
F1000 以上	用于超精磨、镜面加工及精研

3）砂轮硬度的选择

（1）磨削很软很韧的材料，如铜、铝、韧性黄铜、软钢等，为了避免砂轮堵塞，应该选用较软砂轮。

（2）工件材料硬度高，磨料易磨钝，为使磨钝的磨粒及时脱落，应选较软的砂轮；反之，软材料应选较硬的砂轮。

（3）精磨时，砂轮的硬度应比粗磨时的硬度适当高一些；成型磨削为了较好地保持砂轮外形轮廓，应该选用较硬砂轮。

（4）磨断续表面，如花键轴、有键槽的外圆等，由于有撞击作用容易使磨粒脱落，应选较硬砂轮。

4）结合剂的选择

（1）在绝大多数磨削工序中，一般采用陶瓷结合剂。

（2）在荒磨和粗磨等冲击较大的工序中，为避免工件发生烧伤和变形常用树脂结合剂。

（3）在切断与开槽工序中，常用树脂结合剂或橡胶结合剂。

5）组织的选择

一般外圆、内圆、平面、无心磨以及刃磨所用的砂轮都是组织号中等的砂轮。

1.2.3 切削液的选择

使用切削液可以带走大量的切削热，降低切削区的温度。同时，由于润滑作用，可以减小刀具与工件的摩擦阻力，降低切削力，降低摩擦热，提高已加工表面的质量。合理使用切削液是提高切削效益的有效途径之一。

1. 切削液的作用

（1）润滑作用。在切削时工件与刀具的接触面之间存在着润滑膜，形成润滑性能较好的油膜时，能得到比较好的润滑效果。

切削液的润滑性能与切削液的渗透性、形成润滑膜的能力及润滑膜的强度有着密切关系。

（2）冷却作用。切削液可以将切削区产生的热量带走，从而增加散热，使切削温度降低。冷却性能的好坏，取决于切削液的热导率、流量和流速等数值的大小，以上物理性能的数值越大，冷却性能就越好。

（3）清洗作用。切削液能清除黏附在机床、刀具、夹具上的细小切屑和磨料细粉，避免划伤已加工表面和机床的导轨，并减小刀具磨损。清洗性能的好坏，取决于切削液的种类、流动性、使用的压力和流量。

（4）防锈作用。在切削液中加入防锈添加剂后，能在金属表面形成保护膜，使机床、刀具和工件不受周围介质的影响和腐蚀，提高防锈能力。

2. 切削液的种类

切削液的种类如表 1-2-4 所示。

表 1-2-4 切削液的种类

序号	名称	组成	主要用途
1	水溶液	硝酸钠、碳酸钠等易溶于水，用 100～200 倍的水稀释而成	磨削
2	乳化液	矿物油很少，主要为表面活性剂的乳化油，用 40～80 倍的水稀释而成，冷却和清洗性能好	车削、钻孔
		以矿物油为主，少量表面活性剂的乳化油，用 10～20 倍的水稀释而成，冷却和润滑性能好	车削、攻螺纹
		在乳化液中加入添加剂	高速车削、钻削
3	切削油	矿物油（L-AN15 或 L-AN32 全损耗系统用油）单独使用	滚齿、插齿
		矿物油加植物油或动物油形成混合油，润滑性能好	精密螺纹车削
		矿物油或混合油中加入添加剂形成切削油	高速滚齿、插齿、车螺纹等
4	其他	液态的 CO_2	主要用于冷却
		二硫化钼＋硬脂酸＋石蜡做成蜡笔，涂于刀具表面	攻螺纹

（1）水溶液。水溶液是以水为主要成分并加入防锈添加剂的切削液。由于水的热导率、比热容和蒸发热较大，水溶液主要起冷却作用。水溶液的润滑性能差，主要用于粗加工和普通磨削加工。

（2）乳化液。乳化液是乳化油加 95%～98%（体积分数）水稀释而成的一种切削液。乳化油由矿物油、乳化剂配制而成。乳化剂可使矿物油与水乳化形成稳定的切削液。乳化液具有良好的冷却和润滑作用。一般来说，粗磨时的乳化液含量应比精磨时的低一些。

（3）切削油。切削油是以矿物油为主要成分，加入一定添加剂而构成的切削液。切削油主要起润滑作用，常用于螺纹磨削和齿轮磨削。

3. 切削液的合理选用和使用方法

1）切削液的合理选用

应根据工件材料、刀具材料、加工方法和技术要求等具体情况选用切削液。

高速钢刀具耐热性差，需采用切削液。通常在粗加工时，主要以冷却为主，同时希望能减小切削力和降低功率消耗，可采用3%～5%的乳化液；在精加工时，主要目的是提高加工表面质量，降低刀具磨损，减少积屑瘤，可以采用含量较高（15%～20%）的乳化液。硬质合金刀具耐热性好，一般不选用切削液。若要使用切削液，则必须连续、充分地供应，否则因骤冷骤热产生的内应力将导致刀片产生裂纹。

切削铸铁一般不选用切削液。切削铝合金时也不选用切削液。切削铜合金和其他有色金属时，一般不选用含硫的切削液，以免腐蚀工件表面。

2）切削液的使用方法

切削液的合理使用非常重要，其浇注部位、充足的程度与浇注方法的差异，将直接影响切削液的使用效果。切削液应浇注在发热的核心区，即切削变形区，不应浇注在刀具或零件上。

1.2.4　外圆表面的磨削加工

1. 磨削加工的种类

磨削加工是工件外圆表面精加工的主要方法。它既能加工淬硬工件，也能加工未淬硬工件。根据不同的精度和表面粗糙度要求，磨削可分为粗磨、精磨、光整加工等。

（1）粗磨。粗磨时，为提高生产效率，采用较粗磨粒的砂轮和较大的背吃刀量及进给量。粗磨的尺寸公差等级可达 IT17～IT8，表面粗糙度 Ra 为 0.8～1.6μm。

（2）精磨。精磨时，为获得较高的精度及较小的表面粗糙度值，采用较细磨粒的砂轮和较小的背吃刀量及进给量。精磨的尺寸公差等级可达 IT5、IT6，表面粗糙度 Ra 为 0.2～0.4μm。

（3）光整加工。常用的外圆表面光整加工方法有研磨、超级光磨和抛光等。工件经过精车或精磨以后，再通过光整加工，工件的尺寸公差等级可达 IT5 以上，表面粗糙度 Ra 可达 0.05～0.1μm。

2. 外圆表面加工方案

根据各种零件外圆表面的精度和表面粗糙度的要求，其加工方案大致可分为如下几类。

1）低精度外圆表面的加工

对于加工精度要求低、表面粗糙度值较大的各种零件的外圆表面（淬火钢件除外），经粗车即可达到要求，不需磨削。尺寸公差等级达 IT11、IT12，表面粗糙度 Ra 为 1.6～3.2μm。

2）中等精度外圆表面的加工

对于非淬火工件的外圆表面，粗车后再经一次半精车即可达到要求，也不用磨削。尺寸公差等级达 IT9-m0，表面粗糙度 Ra 为 3.2～6.3μm。

3）较高精度外圆表面的加工

根据工件材料和技术要求不同可有两种加工方案。

（1）粗车→半精车→磨削。此方案适用于加工精度较高的淬火钢件、非淬火钢件和铸铁件外圆表面。尺寸公差等级达 IT7、IT8，表面粗糙度 Ra 为 0.8～1.6μm。

（2）粗车→半精车→精车。该方案适用于铜、铝等有色金属件外圆表面的加工。由于有色金属塑性较大，其切屑易堵塞砂轮表面，影响加工质量，故不采用磨削。其尺寸公差等级达 IT7、IT8，表面粗糙度 Ra 为 0.8～1.6μm。

4）高精度外圆表面的加工

高精度外圆表面的加工根据工件材料有以下两种方案。

（1）粗车→半精车→粗磨→精磨。该方案适于各种淬火、非淬火钢件和铸铁件。尺寸公差等级达 IT5、IT6，表面粗糙度 Ra 为 0.2～0.4μm。

（2）粗车→半精车→精车→精细车。该方案适于加工有色金属工件，其尺寸公差等级达 IT5、IT6，表面粗糙度 Ra 为 0.2～0.4μm。

5）精明外圆表面的加工

对于更高精度的钢件和钢铁件，除车削、磨削外，还需增加研磨或超级光磨等光整加工工序，使尺寸公差等级达 IT4、IT5，表面粗糙度 Ra 为 0.08～0.1μm。

3．外圆磨削的方法

常用的外圆磨削方法有纵磨法、横磨法、综合磨法等。

1）纵磨法

纵磨法是最常用的磨削方法，磨削时，工件转动（圆周进给）并和工作台一起做直线往复运动（纵向进给），当每一纵向行程或往复行程终了时，砂轮按规定的磨削深度做一次横向进给，每次背吃刀量很小，在多次往复行程中磨去磨削余量；精磨到最后时，还要做几次无横向进给的"光磨"行程，用来逐步消除由于工件和机床的弹性变形而产生的误差。纵磨法磨削外圆如图 1-2-4 所示。

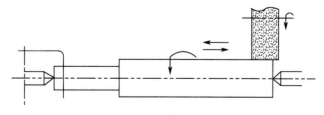

图 1-2-4　纵磨法磨削外圆

纵磨法在每次往复行程中磨削深度小，散热条件好，因而磨削温度低，加工精度较高，可获得较小的表面粗糙度值。

目前纵磨法在生产中应用最广，特别在单件、小批量生产以及精磨时，一般都采用这种方法。

2）横磨法

用这种方法磨削时，砂轮以很慢的速度连续地（或断续地）向工件做横向进给运动，工件无纵向进给运动，直到去掉全部磨削余量为止。横磨法磨削外圆如图 1-2-5 所示。

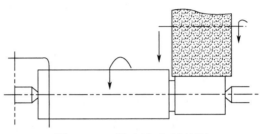

图 1-2-5　横磨法磨削外圆

在磨削过程中，整个砂轮宽度上的磨粒都在切削新的金属层，充分发挥了砂轮的切削能力，因而磨削效率高。但发热量大，热量集中，散热条件差，当切削液供给不充分时，容易使工件烧伤。由于工件无轴向相对移动，磨粒会在工件表面上留下刻划的痕迹，将直接影响工件的几何形状精度。一般来说，横磨法的加工精度和光洁程度比纵磨法的低。为了提高工件加工精度和表面质量，在终磨时用手摇动工作台，使工件短距离地纵向往复运动。

在外圆磨床上，因受砂轮宽度限制，横磨法主要用于磨削长度较短的外圆表面以及两边都有台肩的轴颈。

3）综合磨法

综合磨法是横磨法和纵磨法的综合应用。即先用横磨法将工件分段进行粗磨，相邻两段间有 5～15mm 搭接，横向磨削后工件上留有 0.01～0.13mm 的纵向磨削余量，如图 1-2-6（a）所示；然后用纵磨法磨削，如图 1-2-6（b）所示。这种磨削方法既利用了横磨法生产效率高的优点，又具有纵磨法较高的加工精度和较小的表面粗糙度值。

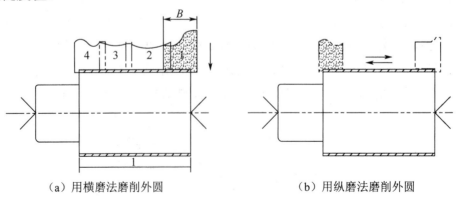

（a）用横磨法磨削外圆　　　　　　　（b）用纵磨法磨削外圆

图 1-2-6　综合磨法磨削外圆

综合磨法主要用于加工表面的长度为砂轮宽度的 2～3 倍，而一边或两边又有台肩的场合。

1.2.5 磨削用量的选择

1. 磨削用量

磨削用量主要包括砂轮的圆周速度、工件的圆周速度、纵向进给量、横向进给量。纵向进给量是指工件每转一圈，砂轮在纵向进给运动过程中所移动的距离。横向进给量是指工作台往返一次，砂轮横向移动的距离。

2. 选择磨削用量

磨削用量的选择直接影响工件的加工精度和表面粗糙度，还影响加工效率。

（1）砂轮的圆周速度一般为 30～40m/s。

（2）工件越重、材料越硬、工件越细长，以及背吃刀量越大，工件的圆周速度越小，并且工件的圆周速度与工件直径有关系。工件的圆周速度一般为 5～30m/min。工件转速的选择如表 1-2-5 所示。

表 1-2-5　工件转速的选择

工作直径/mm		≤20	>20～30	>30～50	>50～80	>80～120	>120～200
工件转速/（r/min）	粗磨	161～232	117～234	77～154	52～104	37～74	25～48
	精磨	320～478	213～382	159～254	120～200	93～193	64～112

（3）纵向进给量，其大小与砂轮宽度 B 有关，进给量一般为（0.1～0.8）B。粗磨时选择较大的纵向进给量，精磨时选择较小的纵向进给量。

（4）横向进给量一般为 0.005～0.05mm。砂轮横向进给量由手动调节，分粗进给和细进给。粗磨时采用粗进给，将切换手柄前推，选择较大的横向进给量；精磨时采用细进给，将切换手柄后拉，选择较小的横向进给量。

1.2.6 凸模零件的磨削加工

1. 凸模零件磨削加工工艺分析

（1）确定磨削加工各表面。零件小端面、$\phi18^{+0.018}_{+0.007}$ mm 表面和 $\phi16.2^{0}_{-0.011}$ mm 表面车削加工后，不能达到所要求的加工精度和表面粗糙度，还需要进行磨削加工。工艺过程为半精车→粗磨→半粗磨。

（2）确定加工余量和工序尺寸。$\phi18^{+0.018}_{+0.007}$ mm 表面加工余量和工序尺寸参见表 1-1-11，$\phi16.2^{0}_{-0.011}$ mm 表面加工余量和工序尺寸参见表 1-1-12。小端工作部分留 5mm 余量，切除中心孔后，磨削至尺寸。

2. 凸模零件磨削加工机床和工艺装备

（1）凸模零件磨削加工机床的准备。磨削加工机床选用 M1432A 型万能外圆磨床。

（2）凸模零件磨削加工夹具的准备。采用两支莫氏 4 号顶尖和鸡心夹头，利用鸡心夹头拨盘带动工件旋转。

（3）凸模零件磨削加工砂轮的准备。M1432A 型万能外圆磨床选用平行砂轮；磨淬硬钢选白刚玉磨料；粗、精磨选粒度 F60；工件硬度高，砂轮硬度选中软；磨淬火工件选中等组织号；选陶瓷结合剂；砂轮最高线速度为 40m/s。因此，确定砂轮规格为 355mm×150mm×30mm 白刚玉平行砂轮。

（4）凸模零件磨削加工量具的准备。选用带深度测量的 0～25mm 外径千分尺。

（5）凸模零件磨削加工切削液的准备。选用磨削专用切削液。

3．凸模零件磨削加工工艺

1）凸模零件磨削前准备

（1）淬火热处理。按热处理工艺规程，保证工件表面硬度为 58～62HRC。

（2）研磨中心孔。热处理温度很高，会使中心孔产生变形，需要对工件中心孔的 60° 圆锥部分进行研磨工序的修正，保证定位准确。用锥形铸铁研磨头加研磨膏，研磨两端中心孔。

2）凸模零件各表面的磨削加工

（1）粗磨 $\phi 18.2^{+0.018}_{+0.007}$ mm 表面：对半精车加工 $\phi 18.2^{0}_{-0.084}$ mm 表面进行粗磨，采用纵磨法磨削至 $\phi 18.08^{0}_{-0.033}$ mm。磨削用量如下所述。

① 选择砂轮主轴转速 n_c=1670r/min，则砂轮圆周速度为

$$V_c = \frac{\pi dn}{1000 \times 60} = \frac{3.14 \times 400 \times 1670}{1000 \times 60} \text{ m/s} = 34.96\text{m/s}$$

粗磨砂轮圆周速度小于所选砂轮的最大速度 40m/s，满足所选砂轮最大圆周速度要求。

② 工件转速 n_w=160r/min，M1432A 型万能外圆磨床头架主轴转速有六级：25r/min、50r/min、80r/min、112r/min、160r/min、224r/min。本工件粗磨的工件转速选择 160r/min。

③ 纵向进给量 f=0.05B=0.05×40mm/r=2mm/r。

④ 横向进给量为 0.02～0.03mm，砂轮粗进给手轮每格进给量为 0.01mm，工件一个行程进给 2、3 格。

（2）半精磨 $\phi 18^{+0.018}_{+0.007}$ mm 表面：用纵磨法磨削 $\phi 18.08^{0}_{-0.033}$ mm 表面达到图样要求。磨削用量如下所述。

① 砂轮主轴转速 n_c=1670r/min。

② 工件转速 n_w=320r/min。

③ 纵向进给量 f=0.01B=0.01×40mm/r=0.4mm/r。

④ 横向进给量为 0.0025～0.005mm，砂轮粗进给手轮每格进给量为 0.0025mm，工件一个行程进给 1、2 格。

（3）粗磨 $\phi 16.2^{0}_{-0.011}$ mm 表面：对半精车加工 $\phi 16.4^{0}_{-0.070}$ mm 表面进行粗磨，采用横磨法磨削直 $\phi 16.28^{0}_{-0.027}$ mm。磨削用量如下所述。

① 砂轮主轴转速 n_c=1670r/min。

② 工件转速 n_w=160r/min。

③ 纵向进给量 f=0.05B=0.05×40mm/r=2mm/r。

④ 横向进给量为 0.02～0.03mm，砂轮粗进给手轮每格进给量为 0.01mm，工件一个行程进给 2、3 格。

（4）半精磨 $\phi16.2_{-0.011}^{0}$ mm 表面：用横磨法磨削 $\phi16.28_{-0.027}^{0}$ mm 表面达到图样要求。磨削用量如下所述。

① 砂轮主轴转速 n_c=1670r/min。

② 工件转速 n_w=224r/min。

③ 纵向进给量 f=0.01B=0.01×40mm/r=0.4mm/r。

④ 横向进给量为 0.0025～0.005mm，砂轮粗进给手轮每格进给量为 0.0025mm，工件一个行程进给 1、2 格。

项目一	轴、套类零件机械加工	任务2	导柱磨削加工
实践方式	小组成员动手实践，教师巡回指导	计划学时	4

实践内容

填写项目一工作页中的计划单、决策单、材料工具单、实施单、检查单、评价单等。

学生任务：完成图 1-2-7 所示的盖子导柱零件的磨削加工。

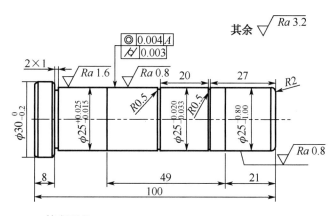

技术要求：
1. 材料为20钢。
2. 渗碳深度为0.8～1.2mm，淬火硬度为58～62HRC。
3. 未倒角为1×45°。

图 1-2-7 盖子导柱零件

1. 小组讨论，共同制订计划，完成计划单。

2. 小组根据班级各组计划、综合评价方案、完成决策单。

3. 小组成员根据需要完成的工作任务，完成材料工具单。

4. 小组成员共同研讨，确定动手实践的实践步骤，完成实施单。

5. 小组成员根据实施单中的实施步骤，磨削加工盖子导柱零件。

6. 检测小组成员加工的型芯零件，完成检查单。

7. 按照专业能力、社会能力、方法能力三方面综合评价每位学生，完成评价单。

班级		姓名		第　　组		日期	

项目一	轴、套类零件机械加工	任务 3	导套车削加工
任务学时		8	

布置任务

工作目标	1．掌握内孔加工刀具的种类及安装。 2．掌握套类零件所用刀具的选择。 3．掌握使用车床加工套类零件时车削用量的选择。 4．掌握使用卧式车床加工套类零件的操作过程。 5．掌握内孔尺寸公差的检测方法。
任务描述	在车床上车削加工图 1-3-1 所示的凹凸模垫圈零件的外圆、内孔和端面。 $\phi 56_{-0.02}^{0}$　$\phi 36_{0}^{+0.02}$　$\sqrt{Ra\,0.8}$　$Ra\,0.8$　$Ra\,0.8$　10　50　其余$\sqrt{Ra\,6.3}$ （$\checkmark$）　3×0.5　$\phi 40$　$\phi 65$　$10_{0}^{+0.3}$ 技术要求： 1．淬火硬度为 60～64HRC。 2．未注公差按 GB/T 1804—2000 标准中提到的 f。 图 1-3-1　凹凸模垫圈零件
学时安排	获取信息 3 学时　计划 0.5 学时　决策 0.5 学时　实施 3 学时　检查 0.5 学时　评价 0.5 学时
提供资源	1．零件图样和工艺规程。 2．教案、课程标准、多媒体课件、加工视频、参考资料、车工/磨工岗位技术标准等。 3．车床有关的工具和量具。
对学生的 要求	1．学生具备模具零件图的识图能力，掌握模具零件的材料性质。 2．车削时必须遵守安全操作规程，做到文明操作。 3．加工的导套零件尺寸要符合技术要求。 4．以小组的形式进行学习、讨论、操作、总结，每位学生必须积极参与小组活动，进行自评和互评；上交一个零件，并对自己的产品进行分析。

资
讯
单

项目一	轴、套类零件机械加工	任务3	导套车削加工
获取信息 学时	3		
获取信息 方式	观察事物、观看视频、查阅书籍、利用互联网及信息单查询问题、咨询教师		
获取信息 问题	1．麻花钻的组成和用途有哪些？ 2．如何安装麻花钻？ 3．如何进行钻削用量的选择？ 4．内孔车刀有哪些种类？其主要用途是什么？ 5．套类零件车削加工有哪些类型？ 6．车床钻孔时的注意事项有哪些？ 7．镗孔的步骤有哪些？ 8．如何检验内孔尺寸？ 9．学生需要单独获取信息的问题……		
获取信息 引导	1．问题1可参考信息单1.3.1节的内容。 2．问题2可参考信息单1.3.1节的内容。 3．问题3可参考信息单1.3.1节的内容。 4．问题4可参考信息单1.3.2节的内容。 5．问题5可参考信息单1.3.3节的内容。 6．问题6可参考信息单1.3.3节的内容。 7．问题7可参考信息单1.3.3节的内容。 8．问题8可参考信息单1.3.4节的内容。		

信息单

任务3 导套车削加工 ●●●●●

1.3.1 麻花钻

1. 常用麻花钻的组成和用途

麻花钻即标准麻花钻，是钻孔的常用刀具。麻花钻的组成如图 1-3-2 所示。

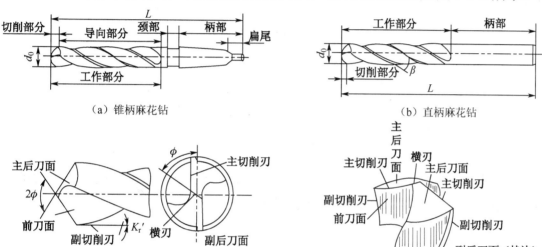

（a）锥柄麻花钻　　　　　　　　　（b）直柄麻花钻

（c）麻花钻切削部分

图 1-3-2　麻花钻的组成

麻花钻主要由柄部（尾部）、颈部和工作部分组成。工作部分包括切削部分和导向部分。

（1）柄部。柄部是钻头的夹持部分，用来传递转矩。有直柄和锥柄两种，锥柄可传递较大的转矩，而直柄传递的转矩较小。通常，钻头直径大于 12mm 的用锥柄。钻头直径在 12mm 以下的则用直柄。

（2）颈部。颈部位于工作部分与柄部之间，是磨削柄部的退刀槽。钻头的标记（如钻孔直径、厂标等）就打印在此处。

（3）导向部分。导向部分在钻孔时用来引导钻头，同时是钻头的备磨部分。它有两条对称的棱边（棱带）和螺旋槽。其中较窄的棱边起导向和修光孔壁的作用，同时减少了钻头外径和孔壁的摩擦面积；较深的螺旋槽（容屑槽）用来排屑和输送切削液。

（4）切削部分。切削部分担负主要的切割工作。两条螺旋槽表面是前刀面，顶端两曲面是主后刀面，两条棱边表面是副后刀面，因而形成两条主切削刃和两条副切削刃。另外，两个后刀面相交形成一条横刃，它是麻花钻所特有而其他刀具所没有的。两主切削刃之间的夹角称为顶角（2ϕ），一般为 118°±2°。

钻孔时，孔的尺寸是由麻花钻的尺寸来保证的。钻出孔的直径比钻头实际尺寸略有增大。

2．麻花钻的安装与找正

（1）麻花钻的安装：直柄麻花钻可用钻夹头装夹，再将钻夹头的锥柄插入车床尾座套筒内即可；莫氏锥柄麻花钻可直接或通过莫氏变径套（钻套）装入车床尾座套筒内。

装夹钻头前，应先将钻夹头锥柄、尾座套筒和钻套等的配合面擦干净，钻头装入后尾座套筒应尽量伸出短些，并固定尾座。钻孔结束后，只要向相反方向转动尾座手轮，即可卸下钻头和钻套。当钻头需从钻套中拆下时，不能敲击，应用斜铁从钻套后端腰形槽中插入，轻轻敲击斜铁后钻头便能卸下。麻花钻的拆卸如图 1-3-3 所示。

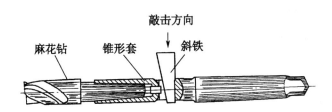

图 1-3-3　麻花钻的拆卸

（2）找正尾座中心，通过找正尾座，使钻头的中心与工件的旋转中心对准，否则可能导致孔径钻大、钻偏，甚至折断钻头。

3．钻削用量的选择

钻削用量与车削用量一样包括背吃刀量 a_p、进给量 f 和切（钻）削速度 v_c。钻削用量的选择，直接影响钻削质量和生产效率。选择钻削用量的原则：尽量选择较大的背吃刀量，孔径一次钻出；然后选择较大的进给量；最后选择合理的钻削速度。

（1）背吃刀量 a_p 的选择。应尽可能使孔径一次钻出。钻孔时的背吃刀量随钻头直径大小而改变。背吃刀量为钻头直径的一半。若机床刚性、功率不允许，需要进行扩孔，则背吃刀量为

$$a_{p1}=0.35d_0, \qquad a_{p2}=0.15d_0$$

式中　d_0——麻花钻直径。

（2）进给量 f 的选择。对于直径小的钻头，进给量主要受钻头刚性或硬度的限制；对于直径大的钻头，进给量主要受机床进给结构强度及工艺系统刚性的限制。可参考下面的经验公式确定，即

$$f=(0.01\sim 0.02)d_0$$

（3）钻削速度 v_c 的选择。钻孔时，要选择适当的钻削速度。钻削速度太低，影响生产效率；钻削速度过高时，往往会"烧坏"钻头，反而使生产效率降低。一般小直径钻头可选较高的钻削速度，大直径钻头选择较低的钻削速度；材料较硬时钻削速度要低些，而材料较软时钻削速度可选高些。钻削速度 v_c 一般根据钻头寿命计算，通常根据经验选取。高速钢麻花钻钻削速度推荐值如表 1-3-1 所示。

表 1-3-1　高速钢麻花钻钻削速度推荐值

工件材料	低碳钢	中高碳钢	合金钢、不锈钢	铸铁	铝合金	铜合金
钻削速度/（m/min）	25～30	20～25	15～20	20～25	40～70	20～40

1.3.2　内孔车刀

1. 内孔车刀的种类

工件用钻头钻出的孔，由于表面粗糙度和尺寸精度都较差，一般达不到工件技术要求，因此，钻孔后还需要用内孔车刀进行半精车或精车。铸造孔或锻造孔，一般都用内孔车刀再进行加工。

内孔车刀根据不同的加工情况，分为通孔车刀和不通孔车刀两种，如图 1-3-4 所示。

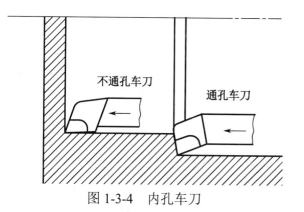

图 1-3-4　内孔车刀

（1）通孔车刀。通孔车刀的几何形状基本上与外圆车刀相似。为了减小径向切削力，防止振动，主偏角 k_r 应取得较大，一般为 60°～75°，副偏角 k_r' 为 15°～30°。为了防止内孔车刀后刀面和孔壁的摩擦，同时避免因后角磨得太大而使刀头强度减小，一般磨成两个后角。

（2）不通孔车刀。不通孔车刀用来车削不通孔或台阶孔，切削部分的几何形状与偏刀相似。它的主偏角一般为 90°～93°，刀尖在刀杆的最前端，刀尖与刀杆外端的距离应小于内孔半径，否则孔的底面无法车平。

为了节省刀具材料和增加刀杆强度，可以用高速钢或硬质合金材料做刀头，装在碳钢或合金钢制成的刀杆上，在顶端或上面用螺钉紧固。通孔车刀和不通孔车刀的刀杆不同，如图 1-3-5 所示。

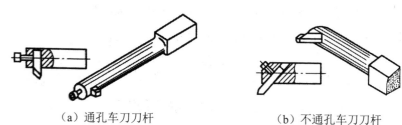

（a）通孔车刀刀杆　　　　　　　　（b）不通孔车刀刀杆

图 1-3-5　内孔车刀刀杆

2．内孔车刀的安装

1）通孔车刀的安装

（1）通孔车刀刀尖对准工件中心，精车刀可略高于工件中心，不超过通孔直径的1%。

（2）通孔车刀刀杆与工件内孔轴线平行。

（3）通孔车刀刀杆伸出长度为5～10mm。

（4）装夹后，让车刀在孔内试切，检查刀杆与孔壁是否相碰。

2）不通孔车刀的安装

不通孔车刀刀尖和工件中心一定要等高，否则孔底不能车平。若端面能车到中心，则孔底面也能车平。

1.3.3 套类零件车削加工的基本类型

1．钻孔

在车床上钻孔时，工件随卡盘做主体旋转运动，钻头做直线进给运动。一般钻孔是用车床尾座的手轮手动进给的。图1-3-6所示为在车床上钻孔。在车床上钻孔的注意事项如下。

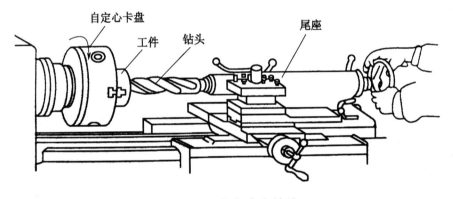

图1-3-6　在车床上钻孔

（1）钻头的正确定心对于钻孔质量及防止钻头折断都具有重要意义。因此，在钻孔前，必须先把工件端面车平，不允许有凸台。

（2）用中心钻在工件端面上钻中心孔，定出一个中心，保证孔的直线度，否则会使钻头偏斜，影响准确定心。

（3）当钻头接触工件或通孔快要钻穿时，进退应该均匀、缓慢，进给量要小，以免冲撞工件或将钻头折断，或使钻头崩刃。

（4）钻较深的孔时，由于切屑不易排出，因此，必须经常退出钻头，清除切屑，以防止由于切屑不能排出而影响定心，甚至使钻头折断，或使钻头"咬住"在孔内。一般钻直径较大的孔（如直径>30mm）时，不宜用大钻头一次钻出，最好是用小直径钻头先钻一次。

（5）钻钢类（塑性材料）工件时，必须保证孔内有充足的切削液；钻铸铁类（脆性材料）工件时，一般不加切削液，以免切屑粉末磨损车床导轨，必要时可用煤油进行冷却润滑。

2. 车孔

1）车通孔

车通孔的车削方法基本与车外圆相同，只是进刀和退刀相反。车内孔时要进行试切和试测，其横向进给量为径向余量的一半，试切 2mm 左右，停机试测，符合孔径尺寸要求后，再车出整个内表面。

2）车台阶孔

车削直径较小的台阶孔时，由于视线受影响，通常采用先粗车大孔、小孔，再精车小孔、大孔的方法进行。

3）车不通孔

（1）粗车不通孔。车端面，钻中心孔。钻底孔时，用比孔径小 1.5～2mm 的钻头，其钻孔深度从钻头顶尖量起，并在钻头上刻线做记号，以控制钻孔深度。孔底平面留 0.5～1mm 的余量，然后用相同直径的平头钻将孔底扩成平底。

（2）精车不通孔。精车时用试切法控制孔径的尺寸。

3. 镗孔

若毛坯上已有钻出的孔或铸出和锻出的孔，但孔的表面粗糙，尺寸精度不高，则可在车床上用镗孔的方法进行孔的精加工。镗孔是一种常见的车床加工方式，但它和车外圆相比在加工和测量方面都比较困难些。因镗杆直径比外圆车刀小得多，而且伸出很长，因此往往因刀杆刚性不足而引起振动，所以背吃刀量和进给量都要比车外圆时小些，切削速度也要小 10%～20%。镗不通孔时，由于排屑困难，所以进给量应更小些。

粗镗和精镗时，应采用试切法调整背吃刀量。为了防止因刀杆细长而导致让刀所造成的锥度，当孔径接近最后尺寸时，应用很小的背吃刀量重复镗削几次，消除锥度。另外，在镗孔时一定要注意，手柄转动方向与车外圆时相反。

镗孔时要根据工件材料和精度要求，选择合理的刀具材料、切削角度和切削用量，以及切削步骤。镗孔的基本步骤如下。

（1）选择和安装镗孔刀。

（2）选择切削用量，调整车床。

（3）粗镗。先试切调整背吃刀量，然后可以自动进给。

（4）精镗孔。背吃刀量和进给量选得小些，切削速度可适当选得小些。

1.3.4　套类零件的精度检验

1. 内孔尺寸的检验

1）用塞规

一般精度的内孔尺寸可以用塞规检验。检验时，应停止工件转动，擦净内孔和塞规表面，然后手握塞规柄部，并使塞规中心线与工件内孔中心线一致（即塞规放平），再将塞规轻轻推入工件内孔中。若塞规的过端能通过，但通端不能通过，则表示内孔尺寸已在公差范围以内。但必须注意，绝对不能用很大力气把塞规推入工件内孔中，更不能敲击塞规。塞规从工件内孔中取出时，不能用摇动的方法，而要用缓慢均匀的力向外拉出，否则会使工件位置变动。

2）用两点内径千分尺和内径百分表

对于精度要求较高的内孔，一般可以用两点内径千分尺和内径百分表等来检验。检验时应把量具放正，不能歪斜，要注意松紧适度，并要在几个方向上检验。

必须注意，不要在工件温度很高时就进行检验，否则会发生由于热胀冷缩而使孔径尺寸不符合要求的现象。

3）用卡钳

有些零件的内孔，由于结构特殊，无法用上述量具来检验，这时必须应用卡钳来检验，即用卡钳先从千分尺中取得尺寸，然后去检验工件。检验时，卡钳做适当摆动，摆动量的大小可以经过试验比较，然后凭自己所积累的经验来确定。测量时应注意如下问题。

（1）卡钳的质量要小一些，钳口要细小一些。

（2）在外径千分尺中取尺寸时，松紧要适当。例如，工件的尺寸是 20mm，当千分尺调整到 20.01mm 时，感到内卡钳钳口与千分尺的测量面很松，好像没有碰到；当千分尺调整到 19.99mm 时，则感到很紧。

2. 互相位置精度的检验

1）同轴度检验

套类零件的同轴度，一般可以通过检验径向圆跳动量来确定。

（1）用百分表。检验同轴度时，可以将工件套在轴上，然后连同心轴一起安装在两顶尖之间，当工件转一周时，百分表读数的变动值就等于径向圆跳动量。

检验长套筒工件内、外圆的同轴度时，可以将工件放在两块等高的 V 形架上，把杠杆百分表放在内孔表面上，然后转动工件，这时百分表读数差的一半就是同轴度。

（2）用测量管壁厚度的千分尺。同轴度也可以用测量管壁厚度的千分尺来检验，这种千分尺与普通的外径千分尺相似，所不同的是它的砧座为一凸圆弧面，能与内孔的凹圆弧面很好地接触。检验时，测量工件各个方向上的壁厚是否相等，就可以知道它的同轴度。

2）端面与轴线的垂直度检验

工件端面与轴线的垂直度，通常用轴向圆跳动量来确定。如果检验同轴度时是将工件套在心轴上的，则只要把百分表放在端面上，即可测量工件轴向圆跳动量。

1.3.5 凹凸模垫圈零件的车削加工

1. 凹凸模垫圈零件车削加工工艺分析

1）毛坯与热处理

（1）凹凸模垫圈零件的材料。凹凸模垫圈零件为单件生产，选用 Cr12MoV。

（2）凹凸模垫圈零件毛坯种类。凹凸模垫圈为套类零件，毛坯采用圆棒料，也可采用锻件。下料可采用锯床下料方法。

（3）毛坯尺寸的确定。凹凸模垫圈零件外圆最大直径为65mm，加工余量可查表1-1-7获得，取5mm。再查常用热轧圆钢直径尺寸规格表（见表1-1-8），选定毛坯直径为7mm。单端面长度余量一般为3mm，取总余量为6mm，因此凹凸模垫圈零件毛坯尺寸为$\phi 70\text{mm} \times 56\text{mm}$。

（4）预备热处理的确定。调质硬度为220～250HBW。

2）确定各表面加工方法

零件各表面的加工方法主要由该表面所要求的加工精度和表面粗糙度来确定。

（1）零件大端面和$\phi 65\text{mm}$外圆：只需车削就能达到技术要求；小端面车削后需磨削。

（2）$\phi 56_{-0.02}^{0}\text{mm}$外圆：采用车削不能达到技术要求，还需要磨削。工艺过程为棒料毛坯→粗车→半精车→粗磨→半精磨。

（3）$\phi 36_{0}^{+0.02}\text{mm}$内孔：采用车削不能达到技术要求，还需要磨削。工艺过程为钻削→车孔→磨削。

（4）$\phi 40\text{mm}$内孔：采用车削能达到技术要求。工艺过程为钻削→车孔。

3）确定加工余量和工序尺寸

（1）$\phi 56_{-0.02}^{0}\text{mm}$外圆。棒料毛坯（直径尺寸为70mm，直径余量为16.8mm）→粗车（直径尺寸为58.2mm，直径余量为0.15mm）→半精车（直径尺寸为56.4mm，直径余量为0.25mm）→粗磨（直径尺寸为56.15mm，直径余量为0.15mm）→半精磨（直径尺寸为56mm）。

查半精车外圆加工余量表（见表1-1-9），可得$\phi 56_{-0.02}^{0}\text{mm}$外圆粗车后，半精车余量为1.8mm。查半精车后磨外圆加工余量表（见表1-1-10），可得$\phi 56_{-0.02}^{0}\text{mm}$表面半精车后，粗磨余量为0.25mm，半精磨余量为0.15mm。

加工凹凸模垫圈$\phi 56_{-0.02}^{0}\text{mm}$外圆柱表面各工序尺寸及公差计算如表1-3-2所示。

表1-3-2 加工凹凸模垫圈$\phi 56_{-0.02}^{0}\text{mm}$外圆柱表面各工序尺寸及公差计算（单位：mm）

工序	工序余量	工序尺寸公差	工序尺寸
半精磨	0.15	0.02	$\phi 56_{-0.02}^{0}$
粗磨	0.25	0.046（h8）	$\phi 56.15_{-0.046}^{0}$
半精车	1.8	0.12（h10）	$\phi 56.4_{-0.12}^{0}$
粗车	11.8	0.46（h13）	$\phi 58.2_{-0.46}^{0}$
毛坯			$\phi 70$

（2）$\phi 36_{0}^{+0.02}\text{mm}$内孔。基孔制8级精度孔的加工如表1-3-3所示。内圆磨削余量如表1-3-4所示。

表 1-3-3　基孔制 8 级精度孔的加工　　　　　（单位：mm）

零件公称尺寸	直　径			
	钻		用车刀镗	扩孔钻
	第一次	第二次		
10	9.8			
15	14.8			
20	18		19.8	19.8
25	23.0		24.8	24.8
30	15.0	28	29.8	29.8
35	20.0	33	34.7	34.75
40	25.0	38	39.7	39.75
45	25.0	43	44.7	44.75
50	25.0	48	49.7	49.75
60	30.0	55	59.5	—
70	30.0	65	69.5	—
50	25.0	48	49.7	49.75

表 1-3-4　内圆磨削余量　　　　　（单位：mm）

孔径	性质	孔长度			
		30 以下	30～50	50～150	100～200
		孔径余量			
>12～18	不淬火	0.2	0.2	0.2	0.2
	淬火	0.3	0.3	0.3	0.3
>18～30	不淬火	0.3	0.3	0.3	0.3
	淬火	0.4	0.4	0.5	0.5
>30～50	不淬火	0.3	0.4	0.4	0.4
	淬火	0.5	0.5	0.5	0.5
>50～80	不淬火	0.4	0.4	0.4	0.5
	淬火	0.5	0.5	0.6	0.6
>80～120	不淬火	0.4	0.4	0.4	0.5
	淬火	0.6	0.7	0.7	0.7

加工凹凸模垫圈 $\phi36^{+0.02}_{0}$ mm 内孔表面各工序尺寸及公差计算如表 1-3-5 所示。

表 1-3-5　加工凹凸模垫圈 $\phi36^{+0.02}_{0}$ mm 内孔表面各工序尺寸及公差计算　（单位：mm）

工序	工序余量	工序尺寸公差	工序尺寸
磨削	0.3	0.02	$\phi36^{+0.02}_{0}$
车孔	1.7	0.10（H10）	$\phi37^{+0.10}_{0}$ $\phi35.7^{+0.10}_{0}$
钻孔	14	0.25（H12）	$\phi34^{+0.25}_{0}$
钻孔		0.33（H13）	$\phi20^{+0.33}_{0}$

（3）$\phi40$mm 内孔。和 $\phi36^{+0.02}_{0}$ mm 内孔一同钻削到尺寸 $\phi20$mm→钻削到尺寸 $\phi34$mm→车孔到尺寸 $\phi40$mm。加工凹凸模垫圈 $\phi40$mm 内孔表面各工序尺寸及公差计算如表 1-3-6 所示。

表 1-3-6　加工凹凸模垫圈ϕ40mm 内孔表面各工序尺寸及公差计算　（单位：mm）

工序	工序余量	工序尺寸公差	工序尺寸
车孔	6	0.10（H10）	$\phi40^{+0.10}_{0}$
钻孔	14	0.25（H12）	$\phi34^{+0.25}_{0}$
钻孔		0.33（H13）	$\phi20^{+0.33}_{0}$

（4）ϕ65mm 外圆表面和各长度尺寸。ϕ65mm 外圆表面和大端面尺寸精度等级为精密级，粗车就能达到技术要求。小端工作部分车削后留 0.4mm 的磨削余量。

2. 凹凸模垫圈零件车削加工机床和工艺装备

（1）凹凸模垫圈零件车削加工机床和工艺的准备。车削加工机床选用 CA6140 型卧式车床。

（2）凹凸模垫圈零件车削加工夹具的准备。采用通用车床夹具，规格为ϕ250mm 的自定心卡盘、莫氏 4 号顶尖、钻夹头、鸡心夹头。

（3）凹凸模垫圈零件车削加工刀具的准备。选用刀具：45°硬质合金焊接车刀、90°硬质合金焊接车刀、复合中心钻 A3.15、宽 3mm 的切断刀、内孔车刀、ϕ20mm 麻花钻、ϕ34mm 麻花钻。

（4）凹凸模垫圈零件车削加工量具的准备。选用带深度测量的 0～150mm 外径游标卡尺。

3. 凹凸模垫圈零件车削加工工艺

1）车端面

（1）粗车端面。用 45°硬质合金焊接车刀，切削用量如下所述。

① 背吃刀量 a_p 为 2～5mm。

② 进给量，查表 1-1-4 获得，选择进给量 f=0.6mm/r。

③ 切削速度，查表 1-1-6 获得，选择切削速度 v_c=1.5m/s=90m/min，计算主轴转速为

$$n=\frac{100v_c}{\pi d}=\frac{1000\times90}{3.14\times70} r/min\approx409.5r/min$$

实际调整车床主轴转速 n=450r/min。

（2）精车端面。用 45°硬质合金焊接车刀，切削用量如下所述。

① 背吃刀量 a_p=0.5mm。

② 进给量可查表 1-1-5 获得，按表面粗糙度选择进给量 f=0.1mm/r。

③ 切削速度可查表 1-1-6 获得，选择切削速度 v_c=2m/s=120m/min，计算主轴转速，调整车床主轴转速 n=560r/min。

2）车 $\phi56^{0}_{-0.02}$ mm 外圆

（1）用 90°硬质合金焊接车刀粗车外圆至ϕ58.2mm，进给三次。切削用量：背吃刀量 a_p 为 2mm、2mm、1.9mm，进给量 f=0.3mm/r，主轴转速 n=450r/min。

（2）用 90°硬质合金焊接车刀精车外圆至ϕ56.4mm。切削用量：背吃刀量 a_p=0.9，进给量 f=0.1mm/r，主轴转速 n=560r/min。

3）钻内孔

（1）钻中心孔。用复合中心钻 A3.15 钻出中心孔。车床转速调到 900r/min。将复合中心钻 A3.15 装在钻夹头中夹紧，插入车床尾部的套筒中，将尾座推到距工件适当的位置，固定车床尾座。慢速、均匀地摇动尾座手轮，将中心钻钻入工件。

（2）钻车削孔。用 $\phi 20$mm 麻花钻在工件上钻孔直至钻通，用 $\phi 34$mm 麻花钻钻 $\phi 20$mm 孔。调整主轴转速为 600r/mm。

4）车削 $\phi 36_0^{+0.02}$mm 内孔

用内孔车刀车削 $\phi 36_0^{+0.02}$mm 内孔到尺寸 $\phi 35.7$mm。用 0～150mm 外径游标卡尺进行检验。切削用量：背吃刀量 $a_p=0.85$mm，进给量 $f=0.1$mm/r，主轴转速 $n=560$r/min。

5）车退刀槽

用宽 3mm 的切断刀车 3mm×0.5mm 的退刀槽。切削用量：背吃刀量 $a_p=0.5$mm，进给量 $f=0.05$mm/r，主轴转速 $n=560$r/min。

6）车另一端面

工件调头，用 45° 硬质合金焊接车刀车削另一端，保证总长尺寸至 50mm，保证台阶尺寸为 10mm。用 0～150mm 外径游标卡尺进行检验。

7）车 $\phi 65$mm 外圆

用 90° 硬质合金焊接车刀车削外圆至尺寸 $\phi 65$mm。用 0～150mm 外径游标卡尺进行检验。

（1）用 90° 硬质合金焊接车刀粗车外圆至 66mm。切削用量：背吃刀量 $a_p=2$mm，进给量 $f=0.3$mm/r，主轴转速 $n=450$r/min。

（2）用 90° 硬质合金焊接车刀精车外圆至尺寸 $\phi 65$mm。切削用量：背吃刀量 $a_p=0.5$mm，进给量 $f=0.1$mm/r，主轴转速 $n=560$r/min。

8）车孔

$\phi 40$mm 内孔和 $\phi 36$mm 内孔都被钻削到尺寸 $\phi 20$mm→钻削到尺寸 $\phi 34$mm→车孔到尺寸 $\phi 40$mm。保证刃口尺寸长为 10mm。用 0～150mm 外径游标卡尺进行检验。加工凹凸模垫圈 $\phi 40$mm 内孔表面各工序尺寸及公差计算查表 1-3-6。切削用量参考车削 $\phi 36_0^{+0.02}$mm 内孔的切削用量。

作业单

项目一	轴、套类零件机械加工	任务3	导套车削加工
实践方式	小组成员动手实践，教师巡回指导	计划学时	6

实践内容

填写项目一工作页中的计划单、决策单、材料工具单、实施单、检查单、评价单等。

学生任务：完成图 1-3-7 所示的盖子导套零件的车削加工。

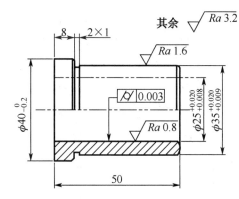

技术要求：
1. 材料为20钢。
2. 渗碳深度为0.8～1.2mm，淬火硬度为58～62HRC。
3. 未注倒角为1×45°。

图 1-3-7 盖子导套零件

1. 小组讨论，共同制订计划，完成计划单。

2. 小组根据班级各组计划、综合评价方案、完成决策单。

3. 小组成员根据需要完成的工作任务，完成材料工具单。

4. 小组成员共同研讨，确定动手实践的实践步骤，完成实施单。

5. 小组成员根据实施单中的实施步骤，车削加工盖子导套零件。

6. 检测小组成员加工的浇口套零件，完成检查单。

7. 按照专业能力、社会能力、方法能力三方面综合评价每位学生，完成评价单。

班级		姓名		第 组	日期	

项目一	轴、套类零件机械加工	任务 4	导套磨削加工
任务学时	\multicolumn{3}{c|}{6}		

布置任务

工作目标	1．掌握常用砂轮的种类、特性及选用。 2．掌握内圆磨削加工设备附件的选用。 3．掌握内圆磨床的使用和磨削用量的选择。 4．掌握用内圆磨床加工套类零件的操作步骤。 5．掌握使用外径千分尺测量外圆尺寸的方法。
任务描述	在磨床上磨削加工图 1-4-1 所示的凹凸模垫圈零件的小端面、$\phi56_{-0.02}^{0}$ mm 外圆和 $\phi36_{0}^{+0.02}$ mm 内孔。 技术要求： 1．淬火硬度为 60～64HRC。 2．未注公差按 GB/T 1804—2000 标准中提到的 f。 <div align="center">图 1-4-1　凹凸模垫圈零件</div>

学时安排	获取信息 2 学时	计划 0.5 学时	决策 0.5 学时	实施 2 学时	检查 0.5 学时	评价 0.5 学时

提供资源	1．零件图样和工艺规程。 2．教案、课程标准、多媒体课件、加工视频、车工岗位技术标准和参考资料等。 3．磨床有关的工具和量具。
对学生的要求	1．学生具备模具零件图的识读能力，掌握模具零件的材料性质。 2．磨削时必须遵守安全操作规程，做到文明操作。 3．加工的凹凸模垫圈零件尺寸要符合技术要求。 4．以小组的形式进行学习、讨论、操作、总结，每位学生必须积极参与小组活动，进行自评和互评；上交一个零件，并对自己的产品进行分析。

项目一	轴、套类零件机械加工	任务4	导套磨削加工
获取信息 学时	2		
获取信息 方式	观察事物、观看视频、查阅书籍、利用互联网及信息单查询问题、咨询教师		
获取信息 问题	1. 内圆磨床的主要组成部件有哪些？ 2. 内圆砂轮直径如何选择？ 3. 内圆砂轮宽度如何选择？ 4. 内圆砂轮如何安装？ 5. 内圆磨削常用的方法有哪些？ 6. 内圆磨削用量包括哪些？ 7. 凹凸模垫圈零件磨削加工工艺的分析包括哪些方面？ 8. 凹凸模垫圈零件内圆磨削加工的工艺准备包括哪些方面？ 9. 学生需要单独获取信息的问题……		
获取信息 引导	1. 问题1可参考信息单1.4.1节的内容。 2. 问题2可参考信息单1.4.2节的内容。 3. 问题3可参考信息单1.4.2节的内容。 4. 问题4可参考信息单1.4.2节的内容。 5. 问题5可参考信息单1.4.3节的内容。 6. 问题6可参考信息单1.4.4节的内容。 7. 问题7可参考信息单1.4.5节的内容。 8. 问题8可参考信息单1.4.5节的内容。		

资
讯
单

任务4 导套磨削加工

1.4.1 内圆磨床

M2110 型内圆磨床是一种普通的内圆磨床，主要适用于单件小批量生产中圆柱孔和圆锥孔的磨削。它主要由工作台、主轴箱、砂轮修整器、内圆磨具和床身等部件组成，M2110 型内圆磨床的外形图如图 1-4-2 所示。

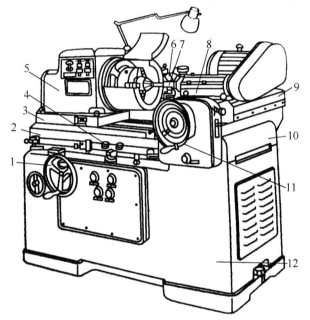

1—手轮；2—工作台；3—底板；4—撞块；5—主轴箱；6—砂轮修整器；
7—内圆磨具；8—磨具座；9—横滑板；10—桥板；11—手轮；12—床身

图 1-4-2　M2110 型内圆磨床的外形图

1. 工作台

工作台由液压传动，沿着床身上的纵向导轨做直线往复运动（由撞块自动控制换向），使工件实现纵向进给。装卸工件或磨削过程中测量工件尺寸时，工作台需要向左退出较大距离。为了缩短辅助时间，当工件退离砂轮一段距离后，安装在工作台前侧的压板，可自动控制油路转换为快速行程，使工作台很快地退至左边极限位置。重新开始工作时，工作台先是快速向右，然后自动转换为进给速度。另外，工作台也可用手轮控制。

2. 主轴箱

主轴箱通过底板固定在工作台的左端。主轴箱主轴的前端装有卡盘或者其他夹具，以夹持并带动工件旋转。主轴箱可相对于底板绕垂直轴线转动一定角度，以便磨削圆锥孔。底板可沿着工作台台面上的纵向导轨调整位置，以适应各种不同工件的磨削。

3．内圆磨具

内圆磨具安装在磨具座中，它可以根据磨削孔径的大小进行调换。砂轮主轴由电动机经传动带直接传动。磨具座固定在横滑板上，后者可沿固定在床身上的桥板上面的横向导轨移动，使砂轮实现横向进给运动。砂轮的进给有手动和自动两种，手动进给由手轮实现，自动进给由固定在工作台上的撞块操纵横向进给机构实现。

4．砂轮修整器

砂轮修整器用于修整砂轮。它安装在工作台中部台面上，根据需要可调整其纵向和横向位置。修整器上的金刚石杆可随着修整器的回旋上下翻转，修整砂轮时放下，磨削时翻起。

1.4.2　内圆砂轮的选择和安装

1．内圆砂轮的选择

1）砂轮直径的选择

砂轮直径与工件磨削孔径应有适当的比值，比值一般为 0.5～0.9。当工件磨削孔径较小时，取较大值；当工件磨削孔径较大时，取较小值。为获得较高的磨削速度，应采用接近工件内孔尺寸的砂轮。砂轮直径的选择如表 1-4-1 所示，当工件磨削孔径大于 80mm 时，注意保证砂轮的圆周速度不超过砂轮的安全速度。

表 1-4-1　砂轮直径的选择 （单位：mm）

工件磨削孔径	砂轮直径	工件磨削孔径	砂轮直径
12～17	10	32～45	32
17～22	16	45～55	40
22～27	20	55～70	50
27～32	25	70～80	63

2）砂轮宽度的选择

砂轮宽度根据工件的长度来选择，通常砂轮宽度比工件的长度要短。内圆砂轮宽度的选择如表 1-4-2 所示。

表 1-4-2　内圆砂轮宽度的选择 （单位：mm）

工件磨削长度	14	30	45	＞50
砂轮宽度	10	25	32	40

3）砂轮特性的选择

内圆砂轮特性的选择如表 1-4-3 所示。

表 1-4-3　内圆砂轮特性的选择

加工材料	磨削要求	砂轮的特性			
		磨料	粒度	硬度	黏结剂
未淬火碳钢	粗磨	A	F24～F46	K-M	V
	精磨	A	F46～F60	K-N	V
淬火碳钢和合金钢	粗磨	WA	F46	K～L	V
	精磨	PA	F60～F80	K～L	V
高速钢	粗磨	WA	F36	K～L	V
	精磨	PA	F24～F36	M～N	V
调剂合金钢	粗磨	A	F46	K～L	V
	精磨	WA	F60～F80	K～L	V
渗氮钢	粗磨	WA	F46	K～L	V
	精磨	SA	F60～F80	K～L	V
铸铁	粗磨	C	F24～F36	K～L	V
	精磨	C	F46～F60	K～L	V

2．内圆砂轮的安装

砂轮装在加长杆上，加长杆锥柄与主轴前端锥孔相配合，如图 1-4-3 所示，可根据磨孔的不同直径和长度进行更换，砂轮的线速度通常为 15～25m/s，适用于单件小批量生产。砂轮的紧固有用螺纹紧固和用黏结剂紧固两种形式。

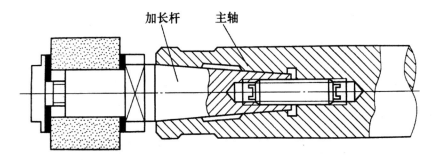

图 1-4-3　内圆砂轮的安装

1）用螺纹紧固

这种方法较常用。螺纹夹紧力较大，安装砂轮时比较牢固。安装砂轮时应注意以下事项。

（1）砂轮内孔与加长杆的配合间隙要适当，不能超过 0.02mm。

（2）砂轮的两个端面必须垫上黄纸片等软性衬垫，衬垫厚度以 0.2～0.3mm 为宜，这样可以使砂轮受力均匀，紧固可靠。

（3）承压砂轮的加长杆端面要平整，接触面不能太小，否则会减少摩擦面积，不能保证砂轮紧固的可靠性。

（4）紧固螺钉的承压端面与螺纹要垂直，以使砂轮受力均匀。

（5）紧固螺纹的螺旋方向应与砂轮旋转方向相反。

2）用黏结剂紧固

用黏结剂紧固砂轮的方法，常用于 ϕ15mm 以下的小砂轮。紧固砂轮时应注意以下事项。

（1）调配时需将氧化铜粉末放在瓷质容器内，渐渐注入磷酸溶液，同时不断搅拌，要调均匀，浓度要适当。

（2）黏结剂一定要充满砂轮孔与加长杆之间的间隙。

（3）凝固后用电炉烘干，但时间不宜太长，否则磷酸铜在电炉加热快速凝固过程中，体积会急剧膨胀，使砂轮胀裂。可肉眼观察黏结剂颜色，当黏结剂显出暗绿色时，应停止加热。

1.4.3 内圆磨削方法

1．纵磨法

内圆磨削一般采用纵磨法，如图 1-4-4 所示。头架安装在工作台上，可随工作台沿床身导轨做纵向往复运动。内圆砂轮由砂轮架主轴带动做旋转运动，砂轮架可由手动或液压传动沿床鞍做横向进给，工作台每往复一次，砂轮架做横向进给一次。

2．横磨法

内圆横磨法与外圆横磨法相同，当内孔长度不大时，一般采用这种方法，如图 1-4-5 所示。横磨法比纵磨法生产效率高。

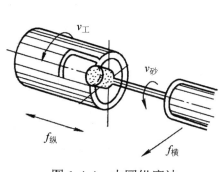

图 1-4-4　内圆纵磨法

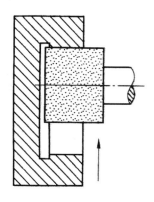

图 1-4-5　内圆横磨法

1.4.4 内圆磨削用量及其选择

1．内圆磨削用量

内圆磨削用量主要包括砂轮的圆周速度、工件速度、纵向进给量、横向进给量（磨削深度）和内圆磨削余量。

2．内圆磨削用量的选择

内圆磨削用量的选择直接关系工件的加工精度和表面粗糙度，还影响加工效率。

1）砂轮的圆周速度

尽可能选择较高的速度。内圆磨削砂轮速度的选择如表 1-4-4 所示。

表 1-4-4　内圆磨削砂轮速度的选择

砂轮直径/mm	≤8	9～12	13～18	19～22	23～25	26～30	31～33	34～41	42～49	＞50
磨钢、铸铁时砂轮的圆周速度/（m/s）	10	14	18	20	21	23	24	26	27	30

2）工件速度

粗磨内圆时工件速度的选择如表 1-4-5 所示，精磨内圆时工件速度的选择如表 1-4-6 所示。

表 1-4-5　粗磨内圆时工件速度的选择

工件磨削直径/mm	10	20	30	50	80	120	200	300	400
工件速度/（m/min）	10～20	10～20	12～24	15～30	18～36	20～40	23～46	28～56	35～70

表 1-4-6　精磨内圆时工件速度的选择

工件磨削直径/mm	工件材料	
	非淬火钢及非耐热钢	淬火钢及耐热钢
	工件速度/（m/min）	
10	10～16	10～16
15	12～20	12～20
20	16～32	20～32
30	20～40	25～40
50	28～50	30～50
80	30～60	40～60

3）纵向进给量

磨削时，纵向进给量的大小与砂轮宽度有关。粗磨时，选择较大的纵向进给量；精磨时，选择较小的纵向进给量。

（1）粗磨时，纵向进给量一般为

$$f_a = (0.5 \sim 0.8)B$$

式中　f_a——纵向进给量（mm）；

　　　B——砂轮宽度（mm）。

（2）精磨时，表面粗糙度 Ra 为 1.6～0.8μm 时，纵向进给量 $f_a = (0.5 \sim 0.9)B$；表面粗糙度 $Ra = 0.4$μm 时，纵向进给量 $f_a = (0.25 \sim 0.5)B$。

4）横向进给量

工作台往复一次的横向进给量如表 1-4-7 所示。粗磨时，为了提高生产效率，横向进给量可选取大一些；精磨时，为了提高精度，横向进给量可选取小一些。每次横向进给后，要做几次光磨，精磨时还需增加光磨次数。

表 1-4-7　工作台往复一次的横向进给量　　　　　（单位：mm）

工件材料	工件磨削直径				
	20～40	41～70	71～150	151～200	201～300
	工作台往复一次的横向进给量				
钢	0.006～0.007	0.010～0.012	0.012～0.015	0.016～0.020	0.018～0.023
淬火钢	0.005～0.007	0.007～0.010	0.010～0.012	0.015～0.018	0.018～0.020
铸铁	0.007～0.010	0.012～0.014	0.014～0.018	0.020～0.025	0.022～0.030

1.4.5　凹凸模垫圈零件的磨削加工

1. 凹凸模垫圈零件磨削加工工艺分析

（1）确定磨削加工各表面零件小端面。$\phi 56_{-0.02}^{0}$ mm 外圆和 $\phi 36_{0}^{+0.02}$ mm 内孔车削加工后，不能达到所要求的加工精度和表面粗糙度，还需要进行磨削加工。工艺过程为半精车产品→粗磨→半精磨。

（2）确定加工余量和工序尺寸。加工凹凸模垫圈 $\phi 56_{-0.02}^{0}$ mm 外圆柱表面各工序尺寸及公差计算见表 1-3-2。加工凹凸模垫圈 $\phi 36_{0}^{+0.02}$ mm 内孔表面各工序尺寸及公差计算见表 1-3-5。小端工作部分车削后留 0.4mm 的磨削余量。

2. 凹凸模垫圈零件磨削加工机床和工艺设备

1）凹凸模垫圈零件内圆磨削加工的工艺准备

（1）内圆磨削加工设备的选用。内圆磨削选用 M2110 型内圆磨床。

（2）内圆磨削加工设备附件的选用。选用 M2100 型内圆磨床自带附件即可。

（3）磨削用砂轮的选用。内圆磨床采用矩形砂轮，选用 F80 粒度、中软的白刚玉矩形砂轮。

（4）冷却液的选用。选用磨削用专用冷却液。

（5）量具的选用。选用 18～35mm、35～50mm 内径量表或两点内径千分尺。

（6）心轴的选用。选用 $\phi 34$mm 的小锥度心轴。

2）凹凸模垫圈零件外圆磨削加工的工艺准备

（1）外圆磨削加工设备的选用。外圆磨削选用 M1432A 型万能外圆磨床。

（2）外圆磨削加工设备附件的选用。采用两支 4 号莫氏顶尖，采用鸡心夹头及拨盘带动心轴旋转。

（3）磨削用砂轮的选用。M1432A 型万能外圆磨床选用平行砂轮，磨淬硬钢磨料选白刚玉，粗精磨选粒度 F60，工件硬度高，砂轮硬度选中软，磨淬火工件选中等组织号，选陶瓷结合剂，砂轮最高线速度为 40m/s。因此，确定砂轮规格为 GB/T 4127 1 P-400×40×76.2-WA/F60K5V-40M/S。

（4）冷却液的选用。选用磨削用专用冷却液。

（5）量具的选用。选用 50～75mm 外径千分尺。

3．凹凸模垫圈零件磨削加工工艺

1）凹凸模垫圈零件磨削前准备

按热处理工艺规程进行淬火热处理，保证工件表面硬度为 60～64HRC。

2）凹凸模垫圈零件各表面的磨削加工

（1）磨削 $\phi36_{0}^{+0.02}$ mm 内孔。选用 M2110 型内圆磨床，采用纵磨法对半精车 $\phi35.7_{0}^{+0.10}$ mm 表面进行磨削；每次进给后，要做几次光磨，磨削过程中要充分冷却；磨削中要测量内孔尺寸时，砂轮要先沿横向、后沿纵向退出砂轮，再按测量结果调整磨削深度，磨削至尺寸 $\phi36_{0}^{+0.02}$ mm。磨削用量如下所述。

① 砂轮主轴转速 n_c=15000r/min，砂轮圆周速度 V_c=25m/s，参见表 1-4-4。

② 工件转速 n_w=200r/min，工件圆周速度 V_w=22.6m/min，参见表 1-4-5、表 1-4-6。

③ 横向进给量取 0.005mm，参见表 1-4-7。

（2）粗磨 $\phi56_{-0.02}^{0}$ mm 表面。用心轴装夹工件，用 M1432A 型万能外圆磨床对半精车 $\phi56.4_{-0.12}^{0}$ mm 表面进行粗磨，采用纵磨法磨削至尺寸 $\phi56_{-0.046}^{0}$ mm。磨削用量如下所述。

① 选择砂轮主轴转速 n_c=1670r/min，则砂轮圆周速度为

$$V_c = \frac{\pi dn}{1000 \times 60} = \frac{3.14 \times 400 \times 1670}{1000 \times 60} \text{m/s} \approx 34.96\text{m/s}$$

粗磨时砂轮圆周速度小于所选砂轮的最大速度 40m/s，满足所选砂轮最大圆周速度要求。

② 工件转速 n_w=80r/min，M1432A 型万能外圆磨床头架主轴转速有六级：25r/min、50r/min、80r/min、112r/min、160r/min、224r/min。本工件粗磨时的工件转速选择 80r/min。工件圆周速度 V_w=14m/min。

③ 纵向进给量 f=0.05B=0.05×40mm/r=2mm/r。

④ 横向进给量为 0.02～0.03mm，砂轮粗进给手轮每格进给量为 0.01mm，工件一个行程进给 2、3 格。

（3）精磨 $\phi56_{-0.02}^{0}$ mm 表面。用纵磨法磨削 $\phi56.15$mm 表面到尺寸 $\phi56_{-0.02}^{0}$ mm，达到图样要求。磨削用量如下所述。

① 砂轮主轴转速 n_c=1670r/min，砂轮圆周速度为 V_c=35m/s。

② 工件转速 n_w=160r/min，工件圆周速度 V_w=28m/min。

③ 纵向进给量 f=0.01B=0.01×40mm/r=0.4mm/r。

④ 横向进给量为 0.0025～0.005mm，砂轮精进给手轮每格进给量为 0.0025mm，工件一个行程进给 1、2 格。

项目一	轴、套类零件机械加工	任务4	导套磨削加工
实践方式	小组成员动手实践，教师巡回指导	计划学时	4

实践内容

填写项目一工作页中的计划单、决策单、材料工具单、实施单、检查单、评价单等。

学生任务：完成图1-4-6所示的盖子导套零件的磨削加工。

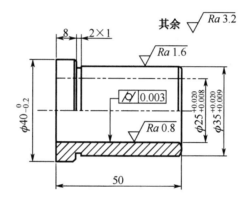

技术要求：
1. 材料为20钢。
2. 渗碳深度为0.8～1.2mm，淬火硬度为58～62HRC。
3. 未注倒角为1×45°

图1-4-6　盖子导套零件

1. 小组讨论，共同制订计划，完成计划单。

2. 小组根据班级各组计划，综合评价方案，完成决策单。

3. 小组成员根据需要完成的工作任务，完成材料工具单。

4. 小组成员共同研讨，确定动手实践的实施步骤，完成实施单。

5. 小组成员根据实施单中的实施步骤，磨削加工盖子导套零件。

6. 检测小组成员加工的浇口套零件，完成检查单。

7. 按照专业能力、社会能力、方法能力三方面综合评价每位学生，完成评价单。

班级		姓名		第　　组	日期	

项目二 ||||

板类零件机械加工

学习目标

1. 掌握板类零件铣削加工的方法。
2. 掌握板类零件磨削加工的方法。
3. 会用普通铣床、数控铣床加工板类零件。
4. 会用磨床加工板类零件。

工作任务

■ **任务1　模板类零件的概述及孔加工**

■ **任务2　压板的铣削加工**

　　通过铣削加工刀具的选择及铣床和铣削用量的选择等，实现定模座板、定模板、动模板、动模座板的加工。

■ **任务3　成型零件加工**

　　通过普通铣床和数控铣床的使用和磨削用量的选择等，实现利用普通铣床和数控铣床加工成型零件。

■ **任务4　板类零件的磨削加工**

　　通过磨削加工砂轮的选择、认识磨床和磨削用量的选择等，实现定模座板、定模板、动模板、动模座板的加工。

项目情境描述

　　板是组成各类模具的重要零件。在任何一套模具中，模板类零件都有着大量的应用，在冲压、塑料制品成型、金属压铸等模具中，模板类零件所占的比例高达 80%以上。因此，模板类零件的制造如何满足模具结构、形状、成型等各种功能的要求，达到所需要的制造精度和性能，取得较高的经济效益，是模具制造的重要问题。为此，本项目将对模板类零件的制造技术、加工方法进行系统的介绍。

项目二	板类零件机械加工	任务1	模板类零件的概述及孔加工
任务学时	12		

布置任务

工作目标	1. 掌握模板类零件的要求。 2. 掌握模板上一般的孔加工。 3. 掌握模板上深孔和小孔的加工。 4. 掌握模板孔系的坐标镗削加工。
任务描述	铣削加工如图 2-1-1 所示。 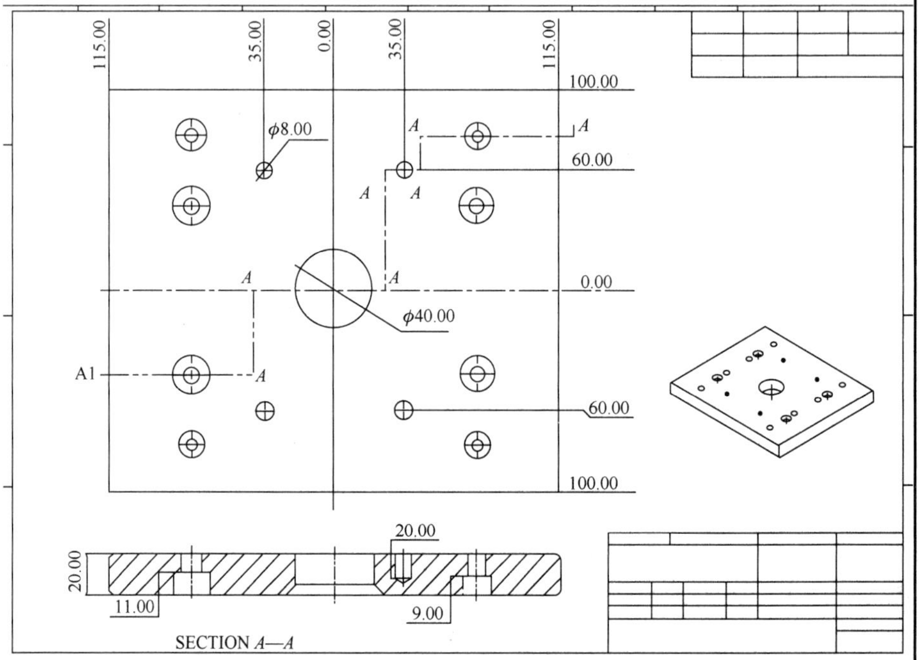 技术要求: 1. 棱边倒钝。 2. 材料: 45 钢。 3. 未注公差按 GB/T 1804—2000 标准中提到的 f。 图 2-1-1　铣削加工

学时安排	获取信息 4 学时	计划 0.5 学时	决策 0.5 学时	实施 6 学时	检查 0.5 学时	评价 0.5 学时

提供资源	1. 零件图样和工艺规程。 2. 教案、课程标准、多媒体课件、加工视频、参考资料。 3. 有关的工具和量具。
对学生的要求	1. 学生具备模具零件图的识图能力，掌握模具零件的材料性质。 2. 工作时必须遵守安全操作规程，做到文明操作。 3. 加工孔的尺寸要符合技术要求。 4. 以小组的形式进行学习、讨论、操作、总结，每位学生必须积极参与小组活动，进行自评和互评；上交一个零件，并对自己的产品进行分析。

项目二	板类零件机械加工	任务1	模板类零件的概述及孔加工
获取信息 学时	4		
获取信息 方式	观察事物、观看视频、查阅书籍、利用互联网及信息单查询问题、咨询教师		
获取信息 问题	1．模板类零件的要求有哪些？ 2．模板上一般的孔加工有哪些？ 3．模板上深孔和小孔加工的区别是什么？ 4．模板孔系的坐标镗削加工的工艺是什么？ 5．学生需要单独获取信息的问题……		
获取信息 引导	1．问题1可参考信息单2.1.2节的内容。 2．问题2可参考信息单2.1.3节的内容。 3．问题3可参考信息单2.1.4节的内容。 4．问题4可参考信息单2.1.5节的内容。		

信
息
单

任务1 模板类零件的概述及孔加工 •••••

2.1.1 模板类零件的概述

模板类零件是指模具中所应用的平板状的零件。图 2-1-2 所示的是塑料成型模具中的定模板、定模固定板、动模板、动模固定板、型腔板、推板、推杆固定板、支承板等。图 2-1-3 所示的是金属冲压模具中的上、下模座，凹凸模固定板、卸料板、垫板等都大量地应用了模板类零件。所以，模板类零件是组成模具的重要零件。正确地选择、掌握模板类零件的制造技术/加工工艺方法是高速、优质制造模具的重要途径。

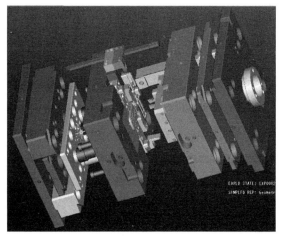

图 2-1-2　注塑模模板类零件的应用　　　图 2-1-3　冲压模模板类零件的应用

模板类零件的形状、尺寸、精度等级等各有不同的要求，但它们的作用概括起来有以下几个方面。

1．连接作用

冲压模具中的上、下模座，塑料成型模具中的动、定模板，它们具有将模具的其他零件连接起来保证模具工作时具有正确的相对位置的作用，同时起着与使用设备进行连接的作用。

2．定位作用

冲压模具中的凹凸模固定板，塑料成型模具中的动、定模固定板，对凹凸模和动、定模板的相对位置进行定位，保证模具工作过程中的相对位置准确。

3．导向作用

模板类零件和导柱、导套相配合，在模具工作过程中沿开合模方向进行往复直线运动。它们对模具上所有零件的运动方向进行导向。

4．卸料和顶出制品

模具中的卸料板、推板及推杆固定板在模具完成一次成型过程后，借助设备的动力及时地将成型的制品顶出或将毛坯料卸下，以便使模具顺利进行下一次的制品成型。

2.1.2 模板类零件的要求

模板类零件种类繁多，不同种类的模板有着不同形状、尺寸、精度及材质的要求。根据模板类零件的主要作用，在不考虑形状和尺寸大小的情况下可概括为以下几个方面。

1．材料的质量

根据模板在模具中的不同应用、模具的精度和模具的使用要求，对模板的制造材料有不同种类和质量的要求。一般精度的冲压模具的上/下模座用铸铁、铸钢制造；高精度、高速冲压模具模板可根据不同的要求使用中碳结构钢和低合金工具钢制造，塑料成型模具的模板大多由中碳结构钢制造。

2．制造精度

模板类零件的尺寸和形状各有不同，但每块模板都是由平面和孔系组成的。工作时，若干块模板处于闭合和开启的运动状态。因此，对模板的精度要求主要为以下几个方面。

1）模板上、下平面的平行度和垂直度

为了保证模具装配后各模板能够紧密配合，对于不同功能和不同尺寸的模板，其平行度和垂直度均按 GB/T 1184—1996 执行。其中，滚动导向模架采用的平行度公差等级为 4 级，其他模座和模板的平行度公差等级为 5 级，塑料成型模具组装后模架上、下平面的平行度公差等级为 6 级，模板上、下平面的平行度公差等级为 5 级，模板两侧基准面的垂直度公差等级为 5 级。

2）模板平面的表面粗糙度和精度

一般模板平面的表面精度要达到 IT7 或 IT8，表面粗糙度 Ra 为 0.63～2.5μm。平面为分型面的模板，表面精度要达到 IT6 或 IT7，Ra 为 0.32～1.25μm。

3）模板上各孔的精度、垂直度和孔距的要求

常用模板上各孔径的配合精度一般为 IT6 或 IT7，Ra 为 0.32～1.25μm。对于安装滑动导柱的模板，孔轴线与上、下模板平面的垂直度为 4 级精度。模板上各孔之间的孔距应保持一致，一般要求在 ±0.02mm 以下，以保证各模板装配后达到装配要求，使各运动模板沿导柱移动平稳、无阻滞现象。

3．选用标准模架

模架是模具不可缺少的重要组成部分，冲压模、塑料模、压铸模、粉末冶金

模等模具只有通过模架把其他模具的结构零件和成型零件组装起来，模具才能使用。现在的模具制造厂已不再自己制造模架，除了一些特殊情况，均采用标准模架与模具标准件。这样做有以下好处。

（1）能简化模具设计，方便模具加工。

（2）缩短模具制造周期，降低成本，促进产品更新换代。

（3）能提高模具质量，便于模具维修。

目前，我国的模具工业已有了很大发展，在实现专业化、标准化方面已取得了很大成就。我国相继制订了一系列模架与模具标准件国家标准，引进了一些国际通用的标准，建立了许多专门生产标准模架与模具标准件的工厂，每年生产几百万副至几千万副各种标准模架和大批量的模具标准件，供模具制造厂选用。

在选用标准模架时，要了解该模架及其零件的技术条件。

在一般情况下，选择标准模架需要以下几个步骤：第一，确定模具结构，一般在开始设计模具时完成；第二，确定凹模周界尺寸及模具闭合高度；第三，确定导向方式（滚动或滑动导向）；第四，确定模架形式，可以选择中间模架、对角模架、四角模架、后侧模架；第五，对应国标选择模架。

2.1.3 模板上一般的孔加工

模板上孔的种类较多，由于孔的使用功能不同，所以孔的精度要求不同，加工方法也不同。孔常用的机械加工方法有钻、扩、铰、镗、磨等。

1. 钻孔

模具零件上有许多孔，如螺纹孔、螺栓过孔、销钉孔、顶杆孔、电热管安装孔、冷却水孔，它们都需要经过钻孔加工。由于钻头钻孔时容易偏斜，孔径容易扩大，孔的表面质量差，所以钻孔属粗加工，精度一般可达 IT10～IT12，表面粗糙度 Ra 为 12.5～50μm。模板上的孔大部分都在划线后加工。如果多个模板孔的孔距相同，为保证零件的孔距，那么可将多个模板用平行夹或螺钉组合成一体，以划线为准同时进行钻孔及铰孔。

2. 铰孔

模具中常有一部分销钉孔、顶杆孔、型芯固定孔等需在划线或组装时加工，其加工精度一般为 IT6～IT8，表面粗糙度 Ra 不大于 3.2μm。加工直径小于 10mm 的孔时，由钳工钻铰加工（粗钻及粗铰）；10～20mm 的孔采用钻、扩、铰等工序加工；大于 20 mm 的孔则在铣床、镗床上预钻孔后镗孔。对于淬火件的孔，铰孔时应留 0.02～0.03mm 的研磨量，热处理时还要加以保护，待组装时再研磨；当不同材料的零件组合铰孔时，应从硬材料一方铰入；铰不通孔时，铰孔深度应增大，留出铰刀切削部分的长度，以保证有效直径部分的孔径；小直径的铰刀（ϕ3mm 以下）及锥孔铰刀（30′～2°），一般都由钳工自制。

2.1.4 模板上深孔和小孔的加工

1. 深孔加工

塑料成型模具中的冷却水孔、加热器孔及一部分顶杆孔等都需要进行深孔加工。一般冷却水孔的精度要求不高，但要防止倾斜。加热器孔为保证热传导率，对孔径和表面粗糙度有一定的要求，孔径一般比加热棒大 0.1～0.3mm，表面粗糙度 Ra 为 12.5～6.3μm。而顶杆孔的要求较高，孔径一般为 IT8 级精度，并对垂直度及表面粗糙度有要求。常用的加工方法如下所述。

（1）中小型模具的冷却水孔及加热器孔，常用普通钻头或加长钻头在立钻、摇臂钻床上加工，加工时要及时排屑、冷却，进刀量要小，防止孔偏斜。

（2）中大型模具的孔一般在摇臂钻床、镗床及深孔钻床上加工，较先进的方法是在加工中心机床上与其他孔一起加工。

（3）过长的低精度孔可采用划线后从两面对钻的方法。

（4）垂直度要求较高的孔应采取工艺措施予以导向，如采用钻模等。

2. 小孔加工

在模具制造中常需加工 ϕ2mm 以下的小孔，加工时易发生孔偏斜及折断钻头等问题，因此模具设计时小孔都不宜过深，孔径应尽量选择标准尺寸。

1）常用的加工方法

（1）ϕ0.5mm 以上的孔常采用精钻及铰孔加工，加工淬火孔时应留 0.01～0.02mm 研磨量待热处理后研磨，也可留余量待热处理后在坐标磨床或精密电火花机床上加工。

（2）ϕ0.5mm 以下的小孔加工极为困难，目前可采用精密电火花磨削加工及激光加工工艺。国外在专用机床上加工最小孔的孔径达 0.04mm。

2）注意事项

（1）正确选择钻头的形状。一般常用直柄麻花钻头或中心钻，前者刚性差，但钻孔深度大；后者刚性好，钻孔深度小。为此，当需要经常加工深度不大的小孔时，应采用加长切削部分长度的中心钻等专用工具进行加工。

（2）正确选择钻头尺寸并精心刃磨。小孔钻头必须事先挑选，首先要选择合适的直径，一般钻头直径比孔的基本尺寸小，其差值随工件材料、钻床及夹具的精度、有无导向措施、钻头刃磨质量等因素而变，常采用试验方法选定。

（3）正确安排钻孔顺序。一般钻孔前，必须在机床上选用小孔直径的中心钻定中心，并钻入一定深度，然后用钻头加工小孔，当孔径大而不深时可一次加工，反之则需分几次加工。分次钻孔有如下两种形式。

当孔径较大时，可先用小直径钻头（或旧钻头）钻孔，然后用要求尺寸的钻头进行钻扩加工；当加工直径小又深的孔时，可先用新钻头钻到一定深度，然后以此为导向用旧钻头钻孔。

3）正确选择机床、夹具及操作方法

钻孔用的机床主轴应刚性好、轴向窜动及径向跳动小，工作台应能灵活移动，最好选用精密和转速较高的（加工孔系时应选设有精密坐标尺的工作台）铣床、钻床、镗床及坐标镗床等。

夹持钻头的夹具一般采用弹簧夹头，必须保持与机床主轴同心，夹持钻头时钻头伸出的长度只要能保证钻孔深度即可。

钻孔时钻头最好从正面钻入，钻入深度应比要求深度略深，端面应有留磨量待加工后磨平，背面的扩孔部分应在钻孔后加工，正确的操作方法如图 2-1-4 所示，这样可防止钻头折断。钻孔时工件应固定牢，进给量应小并及时排屑，切削速度及进刀量应配合好。切削速度太高会导致切削刃磨损快、被加工材料硬化、发热量大等问题且容易折断钻头。切屑形状以呈连续螺旋状为佳。

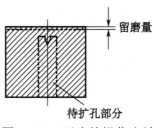

图 2-1-4　正确的操作方法

2.1.5　模板孔系的坐标镗削加工

由于模板的精度要求越来越高，某些模板类零件已不能用传统的普通机床达到其加工要求，因此，需要采用精密机床进行加工。精密机床的种类很多，在模板类零件孔系的精密机械加工中，应用广泛的是坐标镗床。

1．坐标镗床的应用及加工精度

坐标镗床主要用来加工孔距精度要求高的模板类零件，也可以加工复杂的型腔尺寸和角度，因此在多孔冲模、级进模及塑料成型模具的制造中得到广泛的应用。采用坐标镗床加工，不但加工精度高，而且节省了大量的辅助时间，其经济效益显著。坐标镗床既可进行系列孔的精镗加工，又可进行钻孔、扩孔、铰孔、锪沉孔，还可进行坐标测量、划线等。

坐标镗床的定位精度一般是 0.002～0.012mm，其直接影响模板上各系列孔距的尺寸精度，尤其是级进模的步距要求。数控坐标镗削加工的导柱导套孔，其同轴度可达 0.006～0.008mm，孔的极限偏差可达 0.002～0.012mm。

2．坐标镗削加工前的准备

坐标镗削加工前应做好以下几个方面的准备工作。

1）模板的放置

模板零件在加工前应放在恒温室内保持一定温度，以免模板受环境温度的影响产生变形。

2）模板的预加工

对模板进行预加工，并将基准面精度加工到 0.01mm 以上。

3）确定基准并找正

在坐标镗削加工中，根据模板的形状特点，其定位基准主要有以下几种。

（1）工件表面上的线。

（2）圆形件已加工好的外圆或孔。

（3）矩形件、不规则外形工件的已加工孔或矩形件、不规则外形工件已加工好的相互垂直的面。

对外圆、内孔和矩形工件侧基准面的找正方法如下。

（1）外圆柱面、内孔找正。

（2）用标准槽块或专用槽块找正矩形工件侧基准面。

（3）用块规辅助找正矩形工件侧基准面。

从以上基准找正的方法可以看出，一般对圆形工件的基准找正是使工件的轴心线和机床主轴轴心线相重合；对矩形工件的基准找正是使工件的侧基准面与机床主轴轴心线对齐，并与工作台坐标方向平行。基准面找正如表 2-1-1 所示。

表 2-1-1 基准找正

方式	简图	说明
外圆柱面找正	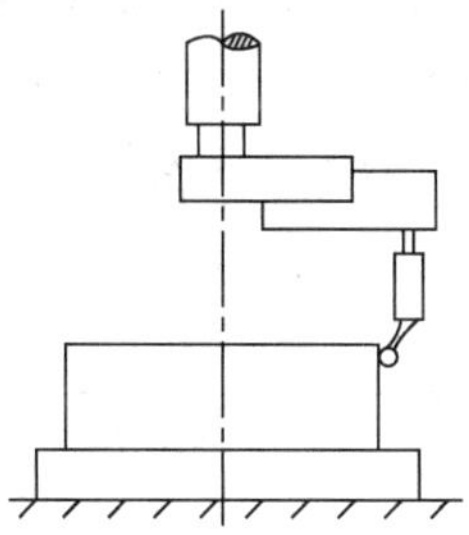	千分表架装在主轴孔内，转动主轴找正外圆，使机床主轴轴心线与工件外圆轴心线重合
内孔找正	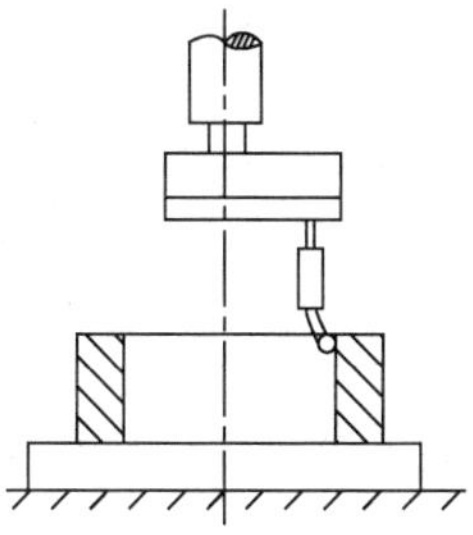	千分表架装在主轴孔内，转动主轴找正内孔，使机床主轴轴心线与工件内孔轴心线重合
用标准槽块找正矩形工件侧基准面	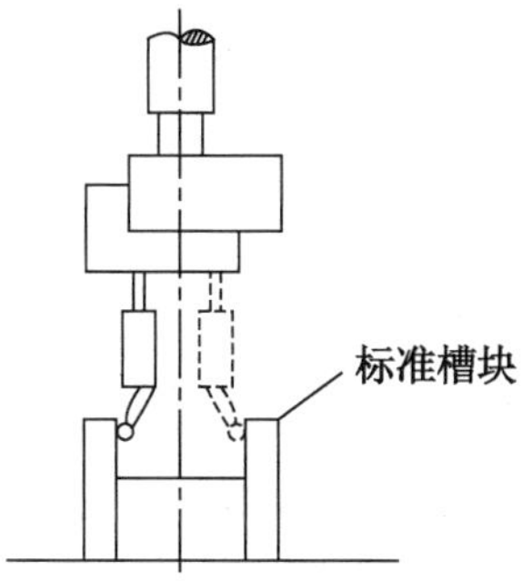 标准槽块	千分表在相差 180° 方向上找正标准槽块，记下表的读数。移动工作台，使千分表靠上工件侧基准面。转动主轴得出表的极值读数，使现在的极值读数与标准槽块的读数相等，此时主轴轴心线与侧基准面的距离为 1/2 槽宽。在此之前，应先找正侧基准面与工作台坐标方向平行

续表

方式	简图	说明
用专用槽块找正矩形工件侧基准面	专用槽块	千分表在相差 180°方向上找正专用槽块，此时主轴轴心线便与侧基准面对齐
用块规辅助找正矩形工件侧基准面	块规	千分表靠上工件侧基准面，转动主轴得一极值读数。主轴转过 180°，让表靠上与侧基准面贴紧的块规表面，又得一极值读数，两读数之差的 1/2 便是此时主轴轴心线与侧基准面之间的距离

4）确定原始点位置

原始点可以选择相互垂直的两基准线（面）的交点（线），还可以用中心找正器找出已加工完成的孔的中心作为原始点。

5）坐标值的转换计算

为了保证孔的位置精度，通常需要对工件已知尺寸按照已确定的基准为原始点进行坐标值的转换计算。对模板孔的镗削，需根据模板图纸计算出需要加工的各孔的坐标值并记录。模板平面孔系孔距坐标尺寸的换算如图 2-1-5 所示。

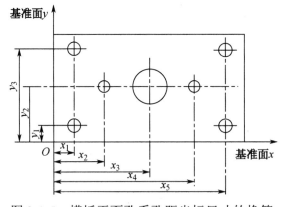

图 2-1-5　模板平面孔系孔距坐标尺寸的换算

3．坐标镗削加工

在模板已经安装、定位和装夹结束并做好镗削准备的基础上，可按下述步骤进行坐标镗削加工。

1）孔中心定位

根据已换算的坐标值，在各孔中心用弹簧中心冲确定孔的位置（即打样冲眼），弹簧中心冲如图 2-1-6 所示。打中心冲时转动手轮使手轮上的斜面将柱销向上推，从而使顶尖被提升并压缩弹簧。当柱销达到斜面最高位置时继续转动手轮，则弹簧将顶尖弹下，即打出中心点。

2）钻定心孔

根据孔中心的定位和坐标换算值对各个要求加工的孔钻出适当大小的定心孔，以防止继续扩大钻孔时因轴向力导致钻孔质量下降。

3）钻孔

根据已钻出的定心孔进行钻孔。钻孔时应根据各个孔的直径从大到小的顺序钻出所有的孔，以减少工件变形对加工精度的影响。

钻孔加工的质量要高，以便为钻孔后的镗削打下好的质量基础。钻孔加工时要按加工性质要求安排加工工序，即粗加工、半精加工、精加工的顺序。因此，应按孔径的大小及时更换钻头。为了提高生产效率，减少工作台移动的时间，应优先考虑加工相邻的孔。

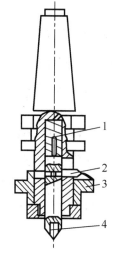

1—弹簧；2—柱销；3—手轮；4—顶尖

图 2-1-6　弹簧中心冲

4）镗孔

当直径小于 20mm、精度要求为 IT7 级以下、表面粗糙度 $Ra>1.25\mu m$ 时，钻孔后可以用铰孔代替镗孔。对于精度要求高于 IT7 级、表面粗糙度 $Ra<1.25\mu m$ 的孔，在钻孔后应安排半精镗和精镗加工。

5）坐标镗削加工孔的切削用量

坐标镗削的加工精度和加工生产率与工件材料、刀具材料及镗削用量有着直接关系。表 2-1-2 所示为坐标镗床加工孔的切削用量，可在镗削加工中参考。

表 2-1-2　坐标镗床加工孔的切削用量

加工方式	刀具材料	切削深度/mm	进给量/(mm/min)	切削速度/（m/min）			
				软钢	中硬钢	铸铁	铜合金
钻孔	高速钢	—	0.08～0.15	20～25	12～18	14～20	60～80
扩孔	高速钢	2～5	0.1～0.2	22～28	15～18	20～24	60～90
半精镗	高速钢	0.1～0.8	0.1～0.3	18～25	15～18	18～22	30～60
	硬质合金	0.1～0.8	0.08～0.25	50～70	40～50	50～70	150～200
精钻精铰	高速钢	0.05～0.1	0.08～0.2	6～8	5～7	6～8	8～10
精镗	高速钢	0.05～0.2	0.02～0.08	25～28	18～20	22～25	30～60
	硬质合金	0.05～0.2	0.02～0.06	70～80	60～65	70～80	150～200

6）镗刀的几何形状

镗刀的几何形状与工件的材料、刀具的材料及加工质量要求有关。一般用硬质合金镗刀加工铸铁时，前角为 5°，主后角和副后角均为 6° 左右。用高速钢或硬质合金镗刀加工铜材时，前角为 12°，后角为 6°。用高速钢镗刀加工轻合金时，前角约为 25°，后角为 8°。用硬质合金加工轻合金时，前角为 20°，后角为 8°～10°。

7）镗削辅助工具

坐标镗床加工时，应备有回转工作台、倾斜工作台、块规、镗刀头、千分表等多种辅助工具，以适应轴线不平行的孔系、回转孔系等不同的工件的加工需要。

4．影响镗削加工精度的其他因素

坐标镗床的精度是很高的，其静态精度和动态精度的计量单位是微米。因此，坐标镗床应安装和使用在恒温（温度为20℃）、恒湿（湿度为55%）的室内环境中，以减少外界环境对其产生的不良影响。

由于坐标镗床的精度比较高，其加工精度的影响因素为机床本身的定位精度、测量装置的定位精度、加工方法和工具的正确性、操作工人技术的熟练程度、工件和机床的温差、切削力和工件质量所产生的冲击力、工件热变形及弹性变形。因此，在镗削加工过程中应尽量克服和降低以上因素的影响。

项目二	板类零件机械加工	任务 1	模板类零件的概述及孔加工
实践方式	小组成员动手实践，教师巡回指导	计划学时	6

作业单

实践内容

填写项目二工作页中的计划单、决策单、材料工具单、实施单、检查单、评价单等。

学生任务：完成图 2-1-7 所示动模座板零件的加工。

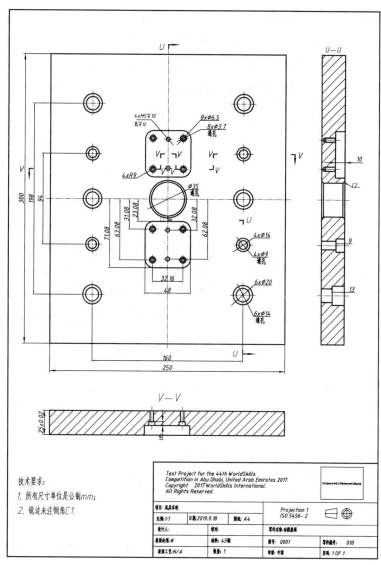

图 2-1-7 动模座板零件

1. 小组讨论，共同制订计划，完成计划单。
2. 小组根据班级各组计划，综合评价方案，完成决策单。
3. 小组成员根据需要完成的工作任务，完成材料工具单。
4. 小组成员共同研讨，确定动手实践的实施步骤，完成实施单。
5. 小组成员根据实施单中的实施步骤，完成动模座板零件加工。
6. 检测小组成员加工的板类，完成检查单。
7. 按照专业能力、社会能力、方法能力三方面综合评价每位学生，完成评价单。

班级		姓名		第 组	日期	

项目二	板类零件机械加工	任务 2	压板的铣削加工

任务学时	26

布置任务

工作目标	1. 能描述铣床的种类、结构、应用场合。 2. 能够熟练操作常用铣床。 3. 能掌握铣刀的类型及安装方法，并能够正确安装铣刀。 4. 能正确选择铣削用量和铣削方式。 5. 掌握工件的切断和平面铣削方法。 6. 掌握铣削台阶、直角沟槽的铣削方法。 7. 掌握键槽的铣削方法。

任务描述	图 2-2-1 所示为压板。 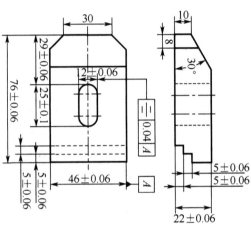 技术要求： 1. 棱边倒钝。 2. 未注公差按 GB/T1804—2000 标准中提到的 f。 图 2-2-1　压板

学时安排	获取信息 8 学时	计划 0.5 学时	决策 0.5 学时	实施 16 学时	检查 0.5 学时	评价 0.5 学时

提供资源	1. 零件图样和工艺规程。 2. 教案、课程标准、多媒体课件、加工视频、参考资料。 3. 铣床有关的工具和量具。

对学生 的要求	1. 学生具备模具零件图的识图能力，掌握模具零件的材料性质。 2. 铣削时必须遵守安全操作规程，做到文明操作。 3. 加工的压板零件尺寸要符合技术要求。 4. 以小组的形式进行学习、讨论、操作、总结，每位学生必须积极参与小组活动，进行自评和互评；上交一个零件，并对自己的产品进行分析。

项目二	板类零件机械加工	任务 2	压板的铣削加工
获取信息 学时	8		
获取信息 方式	观察事物、观看视频、查阅书籍、利用互联网及信息单查询问题、咨询 教师		
获取信息 问题	1．铣床的种类有哪些？ 2．铣床的主要组成部件有哪些？ 3．常用的铣刀有哪些种类？ 4．铣刀是怎样安装的？ 5．铣削用量和铣削方式有哪些？ 6．铣削平面有哪些方法？ 7．普通铣床上工件的切断方法是怎样的？ 8．怎样在普通铣床上面铣削台阶？ 9．怎样在普通铣床上面加工直角沟槽？ 10．怎样在普通铣床上面铣削键槽？ 11．学生需要单独获取信息的问题……		
获取信息 引导	1．问题 1 可参考信息单 2.2.1 节的内容。 2．问题 2 可参考信息单 2.2.1 节的内容。 3．问题 3 可参考信息单 2.2.2 节的内容。 4．问题 4 可参考信息单 2.2.2 节的内容。 5．问题 5 可参考信息单 2.2.3 节的内容。 6．问题 6 可参考信息单 2.2.4 节的内容。 7．问题 7 可参考信息单 2.2.4 节的内容。 8．问题 8 可参考信息单 2.2.5 节的内容。 9．问题 9 可参考信息单 2.2.5 节的内容。 10．问题 10 可参考信息单 2.2.5 节的内容。		

资讯单

任务2 压板的铣削加工 ●●●●●

2.2.1 铣床的简介

1. 概述

铣床是指用铣刀在工件上加工各种表面的机床，是机械加工主要设备之一。通常，铣刀的旋转运动为主运动，工件和铣刀的移动为进给运动。在铣床上用铣刀对工件进行切削的加工方法称为铣削。

铣削是铣刀旋转做主运动，工件或铣刀做进给运动的切削加工方法，是最常用的切削加工方法之一。加工精度为IT7～IT9，Ra 为 1.6～6.3μm，铣削加工范围广，生产效率高。铣削的工作范围如图 2-2-2 所示。

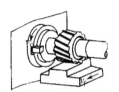 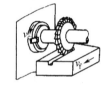 

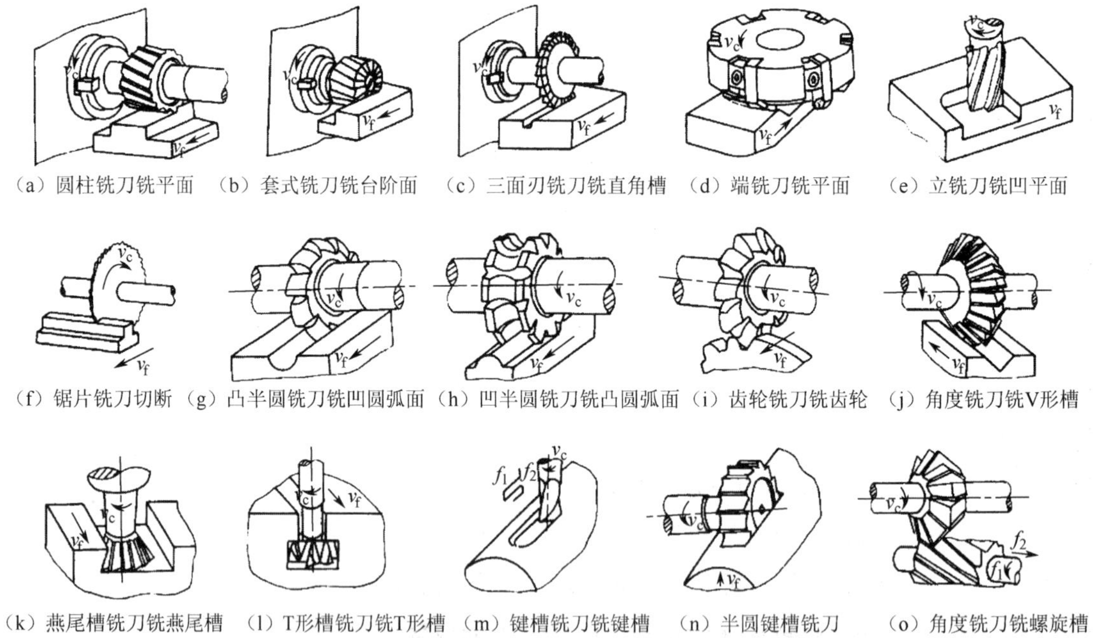

（a）圆柱铣刀铣平面 （b）套式铣刀铣台阶面 （c）三面刃铣刀铣直角槽 （d）端铣刀铣平面 （e）立铣刀铣凹平面

  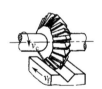

（f）锯片铣刀切断 （g）凸半圆铣刀铣凹圆弧面 （h）凹半圆铣刀铣凸圆弧面 （i）齿轮铣刀铣齿轮 （j）角度铣刀铣V形槽

（k）燕尾槽铣刀铣燕尾槽 （l）T形槽铣刀铣T形槽 （m）键槽铣刀铣键槽 （n）半圆键槽铣刀 （o）角度铣刀铣螺旋槽

图 2-2-2　铣削的工作范围

2. 铣床的种类

铣床的种类很多，按布局形式可分为升降台铣床和龙门铣床。其中升降台铣床包括万能式、卧式和立式等，主要用于加工中小型零件，应用最广；龙门铣床包括龙门铣镗床、龙门铣刨床和双柱铣床，均用于加工大型零件。

1）立式铣床

立式铣床（见图 2-2-3）的主要特征是铣床主轴与工作台台面垂直。立式铣床加工范围很广，通常在立式铣床上可以应用端铣刀、立铣刀、成型铣刀等铣削各种沟槽、平面、角度面。另外，利用机床附件，如回转工作台、分度头，还可以加工圆弧、直线成型面、齿轮、螺旋槽、离合器等较复杂的工件。

2）卧式铣床

卧式铣床（见图2-2-4）的主要特征是铣床主轴轴线与工作台台面平行，可铣削平面、沟槽、成型面和螺旋槽等。

图 2-2-3　立式铣床

图 2-2-4　卧式铣床

3）万能升降台铣床

万能升降台铣床（见图2-2-5）是一种通用金属切削机床。该机床的主轴锥孔可直接或通过附件安装各种圆柱铣刀、成型铣刀、端铣刀、角度铣刀等刀具，适用于加工各种零部件的平面、斜面、沟槽、孔等，是机械制造、模具、仪器、仪表、汽车、摩托车等行业的理想加工设备。

4）龙门铣床

龙门铣床简称龙门铣（见图2-2-6），是具有门式框架和卧式长床身的铣床。龙门铣床上可以采用多把铣刀同时加工表面，加工精度和生产效率都比较高，适用于在成批和大量生产中加工大型工件的平面和斜面。数控龙门铣床还可以加工空间曲面和一些特征零件。

图 2-2-5　万能升降台铣床

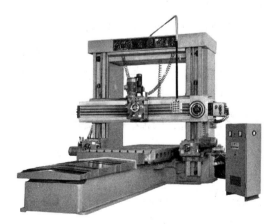
图 2-2-6　龙门铣床

3．铣床的结构

铣床的型号较多，不同型号的铣床的技术参数各不相同，以下介绍 X6132 型卧式万能升降台铣床的结构，它的外观形状如图 2-2-7 所示。

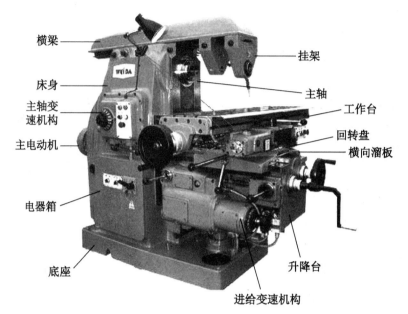

图 2-2-7　X6132 型卧式万能升降台铣床的外观形状

（1）主轴：前端带锥孔的空心轴，锥孔的锥度为 R8，用来安装铣刀刀杆和铣刀。主电动机输出的旋转运动，经主轴变速机构驱动主轴连同铣刀一起旋转，实现铣削加工的主运动。

（2）工作台：用以安装铣床夹具和工件，实现各种进给运动。

（3）横向溜板：用来带动工作台实现横向进给运动。有些机床配置了横向进给箱，可以使工作台实现横向机动进给。

（4）升降台：用来支承横向溜板和工作台，带动工作台上、下移动。

（5）底座：用来支承机床主体，承受铣床的全部质量，盛储切削液。

（6）电器箱：用来安装变压器、继电器等各类机床电器。

（7）床身：机床的主体，用来安装和连接机床的其他部件。床身正面有垂直导轨，可引导升降台上、下移动。床身顶部有燕尾形水平导轨，用以安装横梁并引导横梁水平移动，床身内部装有主轴和主轴变速机构。

（8）进给变速机构：功用是将主电动机的额定转速通过皮带传动变速成不同的主轴转速，以适应各种铣削加工需要。

2.2.2　铣刀及其安装

铣刀，是用于铣削加工的、具有一个或多个刀齿的旋转工具。工作时，各刀齿依次间歇地切去工件余量。铣刀主要用于在铣床上加工平面、台阶、沟槽、成型表面和切断工件等。

1. 铣刀的种类

铣刀的种类很多，同一种刀具的名称也很多，并且有不少俗称，主要根据铣刀的某一方面的特征或用途来称呼。分类方法也很多，现介绍几种常见的分类方法。

铣刀按切削部分的材料分类：高速钢铣刀、硬质合金铣刀、特殊材料铣刀、涂层铣刀等。高速钢铣刀有整体的和镶齿的两种，一般形状较复杂的铣刀都是整体高速钢铣刀。硬质合金铣刀、陶瓷铣刀及超硬材料铣刀大多不是整体的，常将硬质合金刀片以焊接或机械夹固的方式镶装在铣刀刀体上，如硬质合金立铣刀、三面刃铣刀等。

铣刀按刀齿齿背的形式分类：尖齿铣刀、铲齿铣刀（见图 2-2-8）。

在尖齿铣刀的刀齿截面上，齿背是由直线或折线组成的，如图 2-2-8（b）所示。这类铣刀齿刃锋利，刃磨方便，制造比较容易，生产中常用的二面刃铣刀、圆柱铣刀等都是尖齿铣刀。

在铲齿铣刀的刀齿截面上，齿背是阿基米德螺线，齿背必须在铲齿机床上铲出，如图 2-2-8（a）所示。这类铣刀刃磨后，只要前角不变，齿形也不变。由于铲齿铣刀前角小，因此切削性能差。成型铣刀为了保证刃磨后齿形不变，一般都采用铲齿结构。

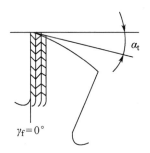 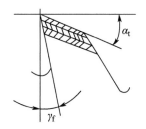

（a）铲齿铣刀的刀齿截面　　　　（b）尖齿铣刀的刀齿截面

图 2-2-8　铣刀刀齿的结构形式

铣刀按用途分类：加工平面用铣刀、加工沟槽用铣刀、加工曲面用铣刀等。

1）加工平面用铣刀

加工平面用铣刀主要有端铣刀和圆柱铣刀等。

（1）端铣刀（见图 2-2-9）。端铣刀的圆周表面和端面上都有切削刃，端部切削刃为副切削刃，常用于端铣较大的平面。端铣刀多制成套式镶齿结构，刀齿为高速钢或硬质合金，刀体为 40Cr。高速钢端铣刀按国家标准规定，直径 d 为 80~250mm，螺旋角 β=10°，刀齿数 Z 为 10~26。硬质合金端铣刀与高速钢铣刀相比，铣削速度较高、加工表面质量也较好，并可加工带有硬皮和淬硬层的工件，故得到广泛应用。硬质合金端铣刀按刀片和刀齿的安装方式不同，可分为整体式、机夹-焊接式和可转位式。

① 硬质合金整体式端铣刀将硬质合金刀片焊接在刀体上成一整体，目前在数控加工中用得较少［见图 2-2-9（a）］。

② 硬质合金机夹-焊接式端铣刀先将硬质合金刀片焊接在小刀头上，再采用

机械夹固的方法将刀装夹在刀体槽中，如图 2-2-9（b）所示，刀头报废后可换上新刀头，因此延长了刀体的使用寿命。这类铣刀的重磨方式有体外刃磨和体内刃磨两种。

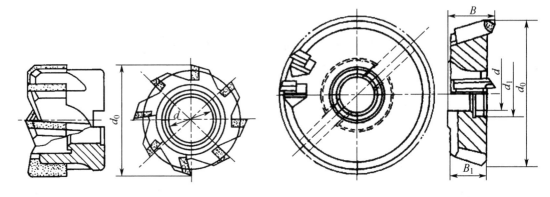

（a）硬质合金整体式端铣刀图　　　　　（b）硬质合金机夹-焊接式端铣刀

图 2-2-9　端铣刀

③ 硬质合金可转位式端铣刀将硬质合金可转位刀片直接用机械夹固的方法安装在铣刀体上，磨钝后，可直接在铣床上将刀片转位更换切削刃或更换刀片。其刀片的夹固方法与可转位车刀的夹固方法相似。该端铣刀与可转位车刀一样具有效率高、寿命长、使用方便、加工质量稳定等优点。硬质合金可转位式端铣刀已形成系列标准。

端铣刀的几何角度如图 2-2-10 所示，端铣刀的几何角度由于截面的不同，测得的角度也不同。

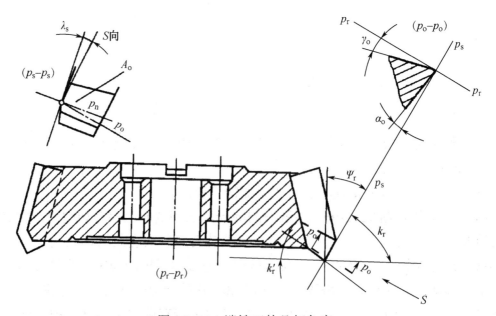

图 2-2-10　端铣刀的几何角度

- 前角 γ_o：端铣刀的前角规定为在主刀刃主剖面 p_o（主截面）中测得的前刀面与基面之间的夹角。
- 后角 α_o：端铣刀的后角规定为在主刀刃主剖面 p_o（主截面）中测得的后刀面与切削平面之间的夹角。

- 刃倾角 λ_s：端铣刀的刃倾角是主切削刃与基面之间的夹角，也在切削平面中测量。它是铣刀的重要角度之一。刃倾角取正值时，可以保护刀尖，但切屑流向已加工表面；刃倾角取负值时，刀尖容易损坏，但切屑流出顺利。
- 主偏角 k_r：端铣刀的主切削刃与已加工表面之间的夹角是主偏角，也就是主切削刃与进给方向在基面上的投影所夹的角度。主偏角的大小影响刀尖部分的强度和散热条件，影响铣削分力之间的比值。减小主偏角，刀尖部分的强度与散热条件可得到改善；同时，切削厚度减小，切削宽度增大，使刀刃上的负荷减轻，这样可以提高刀具耐用度。
- 副偏角 k_r'：端铣刀副切削刃与已加工表面之间的夹角是副偏角，也就是副切削刃与进给方向在基面上的投影所夹的角度。副偏角的作用主要是减小副切削刃、副后刀面与工件已加工表面之间的摩擦。端铣刀的副偏角一般取 $2° \sim 3°$。

（2）圆柱铣刀。圆柱铣刀可以看成由几把切刀均匀分布在圆周上组成，由于铣刀呈圆柱形，所以铣刀的基面是通过切削刃上选定点和圆柱轴线的假想平面。为了使铣削平稳，排屑顺利，圆柱铣刀的刀齿一般都做成螺旋形。圆柱铣刀一般有粗齿、中齿、密齿三种类型。

图 2-2-11 所示为圆柱铣刀切削部分的几何角度。

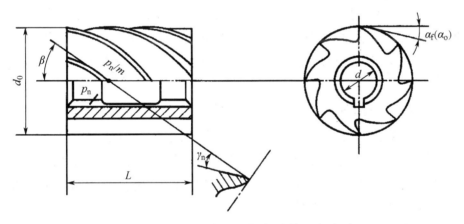

图 2-2-11　圆柱铣刀切削部分的几何角度

- 前角 γ：当圆柱铣刀的螺旋角为 $0°$ 时，前刀面和基面的夹角与切削角度基本相同。当螺旋角不等于 $0°$ 时，前角有法截面前角 γ_n 和端截面前角 γ_o 之分，为了设计与制造方便，规定圆柱铣刀的前角用法截面前角 γ_n 表示，γ_n 与 γ_o 的换算关系如下：$\tan \gamma_n = \tan \gamma_o \cos \beta$。

一般高速钢铣刀，前角取 $10° \sim 20°$。被加工材料较硬时，前角取较小的值；被加工材料较软时，前角取较大的值。一般铣削钢件时，取 γ_o 为 $10° \sim 20°$；铣削铸铁件时，取 γ_o 为 $5° \sim 15°$。

- 后角 α：螺旋齿圆柱铣刀同样有法截面后角和端截面后角之分，为测量和刃磨方便，规定在正交平面内，圆柱铣刀的后角是正交平面后角（即端截面后角）。

后角的作用是减少后刀面与已加工表面之间的摩擦，不损坏已加工表面，使切削过程顺利进行。切削软材料时，后角取大值；切削硬材料时，后角取小值。

通常粗加工时，后角取为 12°；精加工时，后角取为 16°。

- 主偏角 k_r 为 90°，无副偏角（因没有副切削刃）。
- 螺旋角 β：螺旋齿刀刃的切线与铣刀轴线间的夹角称为圆柱铣刀的螺旋角。圆柱铣刀的螺旋角 β 就是其刃倾角 λ_s，它能使刀齿逐渐切入和切离工件，使铣刀同时工作的齿数增加，故能提高铣削过程的平稳性。螺旋角还有使切屑顺利流出的作用。

  常用的圆柱铣刀，螺旋角为 25°～35°，铣削宽平面用大螺旋角，即 40°～45°。精铣用细齿铣刀，螺旋角可以小些，因为精铣时余量小，振动小；反之，粗铣用粗齿铣刀，螺旋角取大些。
- 楔角：楔角也有法面和端面两种，在同一截面内，楔角、前角和后角之和约为 90°。楔角越小，刀刃越尖，容易切入金属，但强度较差，导热性也差。反之，刀刃强度好，但较难切入金属，影响前角和后角的数值。

2）加工直角沟槽用铣刀

加工直角沟槽用铣刀主要有立铣刀、盘形铣刀、键槽铣刀、锯片铣刀等。

（1）立铣刀。立铣刀主要用于加工沟槽、台阶面、平面和二维曲面（如平面凸轮的轮廓）。习惯上用直径表示立铣刀名称，如 $\phi16mm$ 表示直径为 16mm 的立铣刀。

直径较小的立铣刀，一般制成带柄形式。$\phi2mm$～$\phi7mm$ 的立铣刀为直柄；$\phi6mm$～$\phi63mm$ 的立铣刀为莫氏锥柄；$\phi25mm$～$\phi80mm$ 的立铣刀为带有螺孔的 7：24 锥柄，螺孔用来拉紧刀具。直径大于 40～160mm 的立铣刀可做成套式结构。

立铣刀圆周上的切削刃是主切削刃，每个刀齿的主切削刃分布在圆柱面上，呈螺旋线形，其螺旋角在 30°～45°，这样有利于提高切削过程的平稳性，提高加工精度；端面上的切削刃是副切削刃，切削时一般不宜沿铣刀轴线方向进给。为了提高副切削刃的强度，应在端刃前面上磨出棱边。用立铣刀铣槽时，槽宽有扩张，所以应取直径比槽宽略小的铣刀。

为了改善切屑卷曲情况，增大容屑空间，防止切屑堵塞，刀齿数应该比较少，容屑槽圆弧半径则应较大。一般粗齿立铣刀齿数 Z 为 3 或 4，细齿立铣刀齿数 Z 为 5～8，套式结构立铣刀齿数 Z 为 10～20，容屑槽圆弧半径 r 为 2～5mm。当立铣刀直径较大时，还可制成不等齿距结构，以增强抗震作用，使切削过程平稳。

粗齿立铣刀齿数少，强度大，容屑空间大，适于粗加工；细齿立铣刀齿数多，工作平稳，适于精加工。

- 标准立铣刀（见图 2-2-12）的螺旋角 β 为 40°～45°（粗齿）和 30°～35°（细齿），套式结构立铣刀的 β 为 15°～25°。

  立铣刀主偏角 k_r 为 90°，副偏角 k_r' 为 1°30′～2°。
- 波形刃立铣刀如图 2-2-13 所示。波形刃立铣刀在立铣刀的基础上，将螺旋前刀面加工成波浪形螺旋面，它与后刀面相交成波浪形切削刃。

相邻两波形刃的峰谷沿轴线错开一定距离，使切削宽度显著减小，而切削刃的实际切削厚度约增大三倍，切下的切屑窄而厚，降低了切削变形程度，并使切削刃避开表面硬化层而切入工件。波形刃使切削刃各点刃倾角、工作前角，以及承担的切削负荷均不相同。而且波形刃使同一端截面内的齿距也不相同。这些因素大大减轻了切削力变化的周期性，使切削过程较平稳。

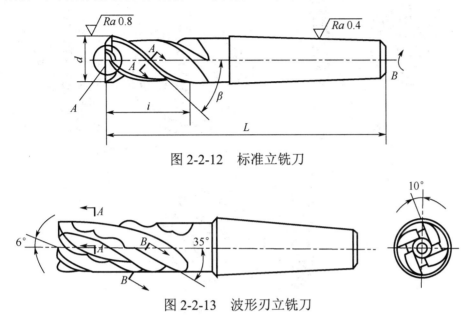

图 2-2-12　标准立铣刀

图 2-2-13　波形刃立铣刀

　　波形刃立铣刀的特点：能将狭长的薄切屑变成厚而短的碎切屑，使排屑变得流畅；比普通立铣刀容易切进工件，在相同进给量的条件下，它的切削厚度比普通立铣刀的切削厚度要大些，并且减少了切削刃在工件表面的滑动现象，从而延长了刀具的寿命；与工件接触的切削刃长度较短，刀具不易产生振动，由于切削刃是波形的，使刀刃的长度增大，所以有利于散热。

　　（2）盘形铣刀，用于铣削螺钉槽及其他工件上的槽。盘形铣刀分为槽铣刀（单面刃）、两面刃铣刀、三面刃铣刀等。

- 槽铣刀仅在圆柱表面上有刀齿，为了减少端面与沟槽侧面的摩擦，两侧端面做成了内凹的锥面，内凹角为 $0°30'$，只能用于加工浅槽。槽铣刀主偏角 k_r 为 $90°$，副偏角 k_r' 为 $1°30'\sim2°$。
- 两面刃铣刀在圆柱表面和一个端面上有刀齿，可用于加工台阶面。
- 三面刃铣刀如图 2-2-14 所示，三面刃铣刀可以看成由几把简单的切槽刀均匀分布在圆周上组成。为了减少刀具两侧对沟槽两侧的摩擦，切槽刀的两侧加工出副后角和副偏角。三面刃铣刀圆柱面上的切削刃是主切削刃，主切削刃几何角度前角、后角等与圆柱铣刀的相同。两侧面上的切削刃是副切削刃，改善了切削条件，提高了切削效率和减小了表面粗糙度。

　　三面刃铣刀主要用于加工沟槽和台阶面。三面刃铣刀的刀齿结构可分为直齿 ［见图 2-2-14（a）］、镶齿 ［见图 2-2-14（b）］ 和错齿 ［见图 2-2-14（c）］ 三种。

　　① 直齿三面刃铣刀容易制造、易刃磨。但侧刃前角 $\gamma_o=0°$，切削条件较差。

　　② 镶齿三面刃铣刀的刀齿镶嵌在带齿纹的刀体槽中。刀的齿数为 Z，则同向倾斜的齿数 $Z_1=Z/2$，并使同向倾斜的相邻齿槽的齿纹错开 P/Z_1（P 为齿纹的齿距）。

铣刀重磨后宽度减小时，可将同向倾斜的刀齿取出并顺次移入相邻的同向齿槽内，调整后铣刀宽度增加了 P/Z_1，再通过刃磨使之恢复原来的宽度。

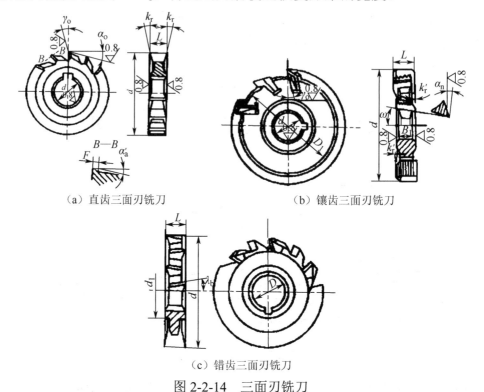

（a）直齿三面刃铣刀 （b）镶齿三面刃铣刀

（c）错齿三面刃铣刀

图 2-2-14　三面刃铣刀

③ 错齿三面刃铣刀的刀齿间隔地向两个方向倾斜，故称为错齿三面刃铣刀。错齿三面刃铣刀刀齿交错向左、右倾斜螺旋角 ω。每一刀齿只在一端有副切削刃，并由螺旋角 ω 形成副切削刃的正前角，且 ω 使切削过程平稳，易于排屑，从而改善了切削条件。整体错齿三面刃铣刀重磨后会减小其宽度尺寸。

（3）键槽铣刀如图 2-2-15 所示。键槽铣刀用于加工圆头封闭键槽。键槽铣刀有两个刀齿，圆柱面和端面都有切削刃，端面刃延至中心。端面铣削刃为主切削刃，强度较高；圆周铣削刃是副切削刃。国家标准规定，直柄键槽铣刀直径 d 为 2～22mm，锥柄键槽铣刀直径 d 为 14～50mm。键槽铣刀直径的偏差有 e8 和 d8 两种。加工时，键槽铣刀可以沿刀具轴线做进给运动，故仅在靠近端面部分发生磨损。重磨时只需刃磨端面刃，所以重磨后刀具直径不变，加工精度高。

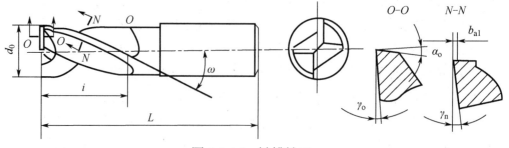

图 2-2-15　键槽铣刀

（4）锯片铣刀。锯片铣刀是薄片的槽铣刀，齿数少，以增大容屑容积，用于切削窄槽或切断材料，它和切断车刀类似，对刀具几何参数的合理性要求较高。锯片铣刀的主偏角 k_r 为 90°，副偏角 k_r' 为 15'～1°。

3）加工特形沟槽用铣刀

加工特形沟槽用铣刀主要有T形槽铣刀、燕尾槽铣刀、角度铣刀等。

（1）T形槽铣刀。T形槽铣刀用于铣削T形槽。

（2）燕尾槽铣刀。燕尾槽铣刀用于铣削燕尾槽，有整体直柄燕尾槽铣刀和机夹式燕尾槽铣刀。

（3）角度铣刀。角度铣刀有单角度铣刀［见图2-2-16（a）］和双角度铣刀。双角度铣刀又分为对称双角度铣刀［见图 2-2-16（b）］和非对称双角度铣刀［见图2-2-16（c）］。角度铣刀用于铣削沟槽和斜面。

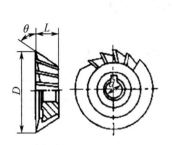

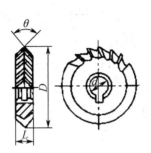
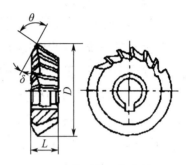

（a）单角度铣刀　　　　　　　（b）对称双角度铣刀　　　　　（c）非对称双角度铣刀

图 2-2-16　角度铣刀

- 单角度铣刀用于各种刀具的外圆齿槽与端面齿槽的开齿，铣削各种锯形齿离合器与棘轮的齿形。
- 对称双角度铣刀用于铣削各种 V 形槽和尖齿、梯形齿离合器的齿形。
- 非对称双角度铣刀主要用于各种刀具上外圆直齿、斜齿和螺旋齿槽的开齿。

角度铣刀大端和小端直径相差较大时，往往造成小端刀齿过密，容屑空间过小，因此常在小端将刀齿间隔地去掉，使小端的齿数减少一半，以增大容屑空间。

宽度较小的斜面，可用角度铣刀铣削。选择角度铣刀的角度时应根据工件斜面的角度，所铣斜面的宽度应小于角度铣刀的刀刃宽度。铣削对称的双斜面时，应选择两把直径和角度相同、刀刃相反的角度铣刀同时进行铣削，铣刀安装时应将两把铣刀的刃齿错开，以减小铣削力和振动。由于角度铣刀的刀齿强度较弱，刀齿排列较密，铣削时排屑困难，所以在使用角度铣刀铣削时，选择的铣削用量应比圆柱形铣刀少 20%，特别是每齿进给量更要适当减小。铣削碳素钢等工件时，应施以充足的切削液。

4）加工曲面用铣刀

加工曲面用铣刀有成型铣刀、鼓形铣刀、模具铣刀、环形铣刀等。

（1）成型铣刀。

成型铣刀又称为特形铣刀，如图2-2-17所示，其切削刃截面形状与工件特形表面完全一样。成型铣刀分整体式和组合式两种，后者一般用于铣削较宽的特形表面。为了便于制造和节约贵重材料，大型的成型铣刀很多做成镶齿的组合铣刀。

成型铣刀一般都做成铲背齿形，以保证刃磨后的刀齿仍保持原有的截面形状。成型铣刀的前角大多为0°，刃磨时只磨刀齿的前刀面。

（2）鼓形铣刀。

鼓形铣刀主要用于对变斜角类零件变斜角面的近似加工。

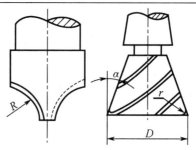

图 2-2-17　成型铣刀

（3）模具铣刀。

模具铣刀由立铣刀发展而成，适用于加工空间曲面零件，有时也用于平面类零件上有较大转接凹圆弧的过渡加工。

模具铣刀按工作部分的外形通常可分为圆锥形平头、圆柱形球头、圆锥形球头三种。模具铣刀的柄部形式有直柄、削平型直柄和莫氏锥柄。它的结构特点是球头或端面上布满了切削刃，圆周刃与球头刃圆弧连接，可以做径向和轴向进给。铣刀工作部分用高速钢或硬质合金制造。

国家标准规定铣刀柄部直径 d 为 4～63mm。小尺寸的硬质合金模具铣刀制造成整体结构；ϕ6mm 以上直径的，可制成焊接结构或可转位刀片形式。

硬质合金模具铣刀用途非常广泛，可代替手用锉刀和砂轮磨头清理铸、锻、焊工件的毛边，以及对某些成型表面进行光整加工等。

- 圆锥形平头立铣刀如图 2-2-18（a）所示，圆锥半角 $a/2$ 可为 3°、5°、7°、10°，其刀具名称通常记为 ϕ10mm×5°，表示直径为 10mm、圆锥半角为 5° 的圆锥形平头立铣刀。
- 圆柱形球头立铣刀如图 2-2-18（b）所示，其刀具名称通常为 ϕ12R6，表示直径是 12mm 的圆柱形球头立铣刀。
- 圆锥形球头立铣刀如图 2-2-18（c）所示，其刀具名称为 ϕ15×7° R，表示直径是 15mm、圆锥半角为 7° 的圆锥形球头立铣刀。

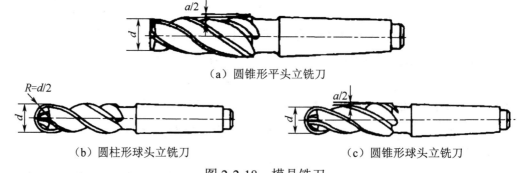

（a）圆锥形平头立铣刀

（b）圆柱形球头立铣刀　　　　　　　　（c）圆锥形球头立铣刀

图 2-2-18　模具铣刀

（4）环形铣刀。

环形铣刀的形状类似于端铣刀，不同的是，刀具的每个刀齿均有一个较大的圆角半径，从而使其具备类似球头立铣刀的切削能力，同时可加大刀具直径以提高生产效率，并改善切削性能（中间部分不需刀刃），刀片依然可采用机夹类。环形铣刀主要用于凹模、平底型腔等平面铣削和立转轮廓的加工，其工艺特点与平底立铣刀类似，切削性能较好。

曲面加工常采用球头立铣刀，但加工曲面较平坦部位时，刀具以球头顶端刃切削，切削条件差，因而应采用环形铣刀。

2．铣刀的安装

铣刀的安装方法正确与否，决定了铣刀的运转平稳性和铣刀的寿命，并影响铣削质量（如铣削加工的尺寸、形位公差和表面粗糙度）。下面以卧式铣床上刀具的安装方法为例进行介绍。

在卧式铣床上一般使用拉杆安装铣刀，其示意图如图 2-2-19 所示。刀杆一端安装在卧式铣床的刀杆支架上，刀杆穿过铣刀孔通过套筒将铣刀定位，然后将刀杆的锥体装入机床主轴锥孔，用拉杆将刀杆在主轴上拉紧。铣刀应尽量靠近主轴，减少刀杆的变形，提高加工精度。

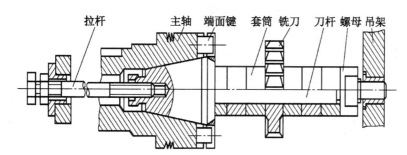

图 2-2-19　使用拉杆安装铣刀示意图

2.2.3　铣削用量及铣削方式

1．铣削用量

1）铣削用量四要素

铣削用量的选择与铣刀的加工精度、提高加工表面质量和提高生产效率有密切的关系，包括四个要素：铣削速度 v_c、进给速度 v_f、铣削宽度 a_e、铣削深度 a_p，如图 2-2-20 所示。

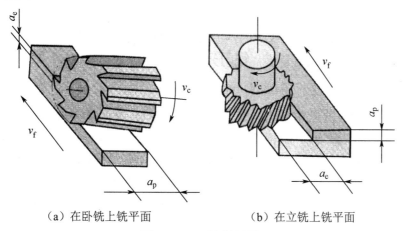

（a）在卧铣上铣平面　　　　（b）在立铣上铣平面

图 2-2-20　铣削用量

2）铣削速度

铣削速度是铣削时切削刃上选定点在主运动中的线速度，单位为 m/min，计算

公式为

$$v_c = \frac{\pi d n}{1000}$$

式中　v_c——切削速度（m/min）；

　　　d——铣刀直径（mm）；

　　　n——铣刀每分钟转数（r/min）。

例　在 X6132 型铣床上，用一把直径为 100mm 的铣刀，以 95m/min 的铣削速度进行铣削。问铣床主轴转速应调整到多少？

提示：X6132 型铣床共有 18 级变速，分别为 30、37.5、47.5、60、75、95、118、150、190、235、300、375、475、600、750、950、1180、1500。

解：已知 d=100mm，v_c=95m/min，根据公式计算

$$n = \frac{1000 v_c}{\pi d} = \frac{1000 \times 95}{\pi \times 100} \approx 303 \text{r/min}$$

答：铣床主轴转速应调整到 303r/min。

3）进给量 f

进给量 f 是铣刀在进给运动方向上相对工件的单位位移量，单位为 mm。

（1）每转进给量 f：铣刀每回转一周在进给运动方向上相对工件的位移量，单位为 mm/r。

（2）每齿进给量 f_z：铣刀每转中每一刀齿在进给运动方向上相对工件的位移量，单位为 mm/z，$f = f_z Z$。

（3）每分钟进给量 v_f：又称为进给速度，铣刀每回转一分钟在进给运动方向上相对工件的位移量，单位为 mm/min。

三种进给量的关系为

$$v_f = f n = f_z Z n$$

式中　f_z——每齿进给量（mm/z）；

　　　n——铣刀（主轴）转速（r/min）；

　　　Z——铣刀齿数。

4）铣削宽度 a_e

铣削宽度是铣刀在一次进给中所切掉的工件表层的宽度，单位为 mm。

一般立铣刀和端铣刀的铣削宽度为铣刀直径的 60%～75%。

5）铣削深度 a_p

铣削深度是铣刀在一次进给中所切掉的工件表层的厚度，即工件已加工表面和待加工表面间的垂直距离，单位为 mm。

一般立铣刀粗铣时的背吃刀量以不超过铣刀半径为原则，一般不超过 7mm，以防止背吃刀量过大而造成刀具损坏；精铣时背吃刀量为 0.05～0.3mm。端铣刀粗铣时背吃刀量为 2～5mm，精铣时背吃刀量为 0.1～0.50mm。

2. 选择铣削用量的原则

（1）保证刀具有合理的使用寿命，有高的生产效率和低的成本。

（2）保证加工表面的精度和表面粗糙度达到图样要求。

（3）最大限度地发挥工艺系统（刀具、工件、夹具、机床）的潜力，但不能超过铣床允许的动力和扭矩，以及工艺系统允许的刚度和强度。

3．选择铣削用量的顺序

（1）根据零件加工余量和粗、精加工要求，选择背吃刀量。

（2）根据加工工艺系统所允许的切削力，以及机床进给系统、工件刚度及精加工时表面粗糙度要求，确定进给量。

（3）根据刀具寿命，确定切削速度。

4．铣削方式

在铣床上铣削平面的方式有周铣和端铣两种（见图 2-2-21）。铣削时，铣刀圆周上的刀齿进行切削叫周铣，它同时参与切削的齿数较少；铣刀端面上的刀齿进行切削叫端铣，它同时参与切削的齿数较多。与周铣相比，端铣铣平面较为有利，因为：①端铣刀的副切削刃对已加工表面有修光作用，能使表面粗糙度降低。周铣的工件表面则有波纹状残留面积。②同时参加切削的端铣刀齿数较多，切削力的变化程度较小，因此工作时振动较周铣小。③端铣刀的主切削刃刚接触工件时，切屑厚度不等于零，使刀刃不易磨损。④端铣刀的刀杆伸出较短，刚性好，刀杆不易变形，可用较大的切削用量。由此可见，端铣法的加工质量较好，生产效率较高。所以铣削平面大多采用端铣。但是，周铣对加工各种形面的适应性较广，而有些形面（如成型面等）则不能用端铣。

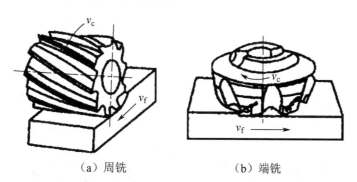

（a）周铣　　　　　（b）端铣

图 2-2-21　铣削方式

周铣又分为顺铣和逆铣，端面铣削又分为对称铣削、不对称逆铣和不对称顺铣。下面介绍顺铣和逆铣的主要区别。

1）概念

当铣刀的旋转方向与工件的进给方向相同时为顺铣；当铣刀的旋转方向与工件的进给方向相反时为逆铣。图 2-2-22 所示为顺铣与逆铣的工作示意图。

2）切削厚度的变化

逆铣时，刀齿切入工件的厚度从零增大到最大值，切入初期在表面上产生挤压和滑擦，加剧刀具磨损，降低表面质量；顺铣时，刀齿切削厚度从最大值减小到零，可以避免上述缺点。

3）逆铣和顺铣的切削力的影响

逆铣时，铣刀的旋转方向与工件的进给方向相反；顺铣时，铣刀的旋转方向与工件的进给方向相同。逆铣时，切屑的厚度从零开始渐增。实际上，铣刀的刀刃开始接触工件后，将在表面滑行一段距离才真正切入金属。这就使得刀刃容易磨损，并增加加工表面的粗糙度。逆铣时，铣刀对工件有上抬的切削分力，影响工件安装在工作台上的稳固性。

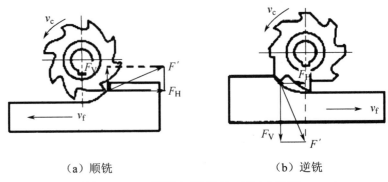

（a）顺铣　　　　　　（b）逆铣

图 2-2-22　顺铣与逆铣的工作示意图

顺铣则没有上述缺点。但是，顺铣时，工件的进给会受工作台传动丝杠与螺母之间间隙的影响（见图 2-2-23）。因为铣削的水平分力与工件的进给方向相同，铣削力忽大忽小，就会使工作台窜动和进给量不均匀，甚至引起打刀或损坏机床。因此，必须在纵向进给丝杠处设有消除间隙的装置才能采用顺铣。但一般铣床上没有消除传动丝杠与螺母之间间隙的装置，只能采用逆铣法。另外，对铸锻件表面的粗加工，顺铣因刀齿首先接触黑皮，将加剧刀具的磨损，此时，也是以逆铣为妥。

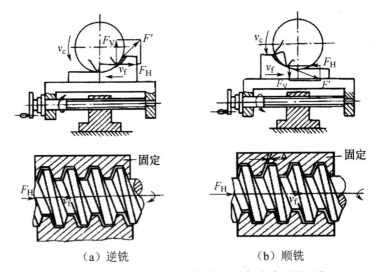

（a）逆铣　　　　　　（b）顺铣

图 2-2-23　顺铣和逆铣的传动丝杠与螺母间隙

2.2.4　工件的切断和平面铣削

1．工件的切断

1）切断工艺基础知识

（1）切断用铣刀。

锯片铣刀是在铣床上铣窄槽或切断工件时所用的铣刀，如图 2-2-24 所示。锯片铣刀的刀齿有粗齿、中齿和细齿之分。粗齿锯片铣刀的齿数少，齿槽的容屑量大，主要用于切断工件。细齿锯片铣刀的齿数最多，齿槽的容屑量最小。中齿锯片铣刀和细齿锯片铣刀适用于切断较薄的工件和铣窄槽。

图 2-2-24　锯片铣刀

（2）工件装夹。

在切断工作中经常会因为工件的松动而使铣刀折断（俗称打刀）或工件报废，甚至发生安全事故，所以工件的装夹必须做到牢固、可靠。在铣床上切断或切槽时，根据工件的尺寸、形状不同，常用平口钳、压板或专用夹具等对工件进行装夹。

① 用平口钳装夹工件时，无论是切断还是切槽，工件在钳口上的夹紧力方向应平行于槽侧面（夹紧力方向与槽的纵向平行），以避免工件夹住铣刀。

② 用压板装夹工件时，切断工件和加工大型工件及板料时，压板的压紧点应尽可能靠近铣刀的切削位置，压板下的垫铁应略高于工件。有条件的工件可用定位靠铁定位，装夹前先校正定位靠铁与主轴轴线平行（或垂直）。工件的切缝应选在 T 形槽上方，以免铣伤工作台台面。

2）工艺过程

（1）选择铣刀。

（2）安装锯片铣刀。

锯片铣刀的直径大而厚度薄，刚性较差，强度较低。受弯、扭载荷时，铣刀极易碎裂、折断。安装锯片铣刀时应注意以下几点。

① 安装锯片铣刀时，不要在刀杆与铣刀间装键。铣刀紧固后，依靠刀杆垫圈与铣刀两侧端面间的摩擦力带动铣刀旋转。

② 在靠近铣刀螺母的垫圈内装键，可以有效防止铣刀松动。

③ 安装大直径锯片铣刀时，应在铣刀两端面用大直径的垫圈，以增大其刚性和摩擦力，使铣刀工作更加平稳。

④ 为增强刀杆的刚性，锯片铣刀应尽量靠近主轴或吊架安装。

⑤ 锯片铣刀安装后，应保证刀齿的径向和端面圆跳动量不超过规定值方可使用。

3）装夹工件

下料过程通常分两步进行。第一步将较大的板料在工作台上用压板、螺栓装夹，切割成宽 55 mm 的长条状半成品；第二步用平口钳装夹，切割成 55mm×130mm 的矩形工件。

4）工件切断

切断工件时应尽量采用手动进给，进给速度要均匀。若需采用机动进给，则铣刀切入或切出时还需用手动进给，进给速度不宜太快，并将不使用的进给机构锁紧。切削钢件时应充分浇注切削液。

5）工件检测

检测压板毛坯零件的尺寸时，一般不允许用游标卡尺，而应用钢直尺。

2．平面铣削

1）铣削平面的方法

用铣刀加工工件的平面称为铣削，平面简称为铣平面。铣平面是铣床加工的基本工作内容，也是进一步掌握铣削其他各种复杂表面方法的基础。

平面的铣削方法主要有周铣和端铣两种。

（1）用圆柱铣刀铣削。

圆周铣又简称为周铣，它利用分布在铣刀圆柱面上的刀刃来铣削并形成平面。当周铣使用圆柱铣刀在卧式铣床上铣削时，铣出的平面与铣床工作台台面平行，如图 2-2-25 所示。

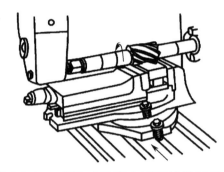

图 2-2-25　在卧式铣床上用圆柱铣刀周铣

（2）用端铣刀铣削。

端铣是利用分布在铣刀端面上的刀刃来铣削并形成平面的。当使用端铣刀在立式铣床上铣削时，铣出的平面与铣床工作台台面平行，如图 2-2-26 所示。当使用端铣刀在卧式铣床上铣削时，铣出的平面与铣床工作台台面垂直，如图 2-2-27 所示。

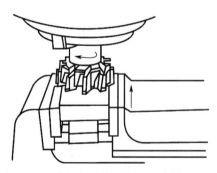

图 2-2-26　在立式铣床上用端铣刀端铣

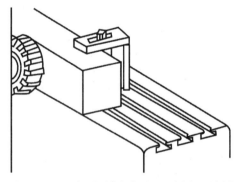

图 2-2-27　在卧式铣床上用端铣刀端铣

（3）主轴轴线与进给方向垂直度的调整。

① 立式铣床的调整（立铣头"零位"的找正）。

用 90°角尺和锥度心轴进行找正时，取一锥度与立铣头主轴锥孔锥度相同的心轴，擦净立铣头主轴锥孔和心轴锥柄，轻轻将心轴锥柄插入立铣头主轴锥孔，将 90°角尺尺座底面贴在工作台台面上，用尺座外侧测量面靠向心轴圆柱表面，观察其是否密合或间隙上下均匀，确定立铣头主轴轴线与工作台台面是否垂直。检测时，应分别在工作台纵向和横向两个方向上检验，90°角尺找正主轴如图 2-2-28 所示。

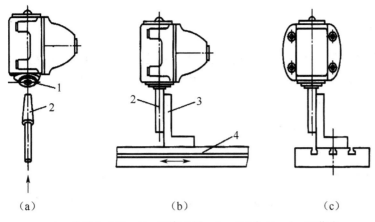

1—立铣头主轴；2—锥度心轴；3—90°角尺；4—工作台

图 2-2-28　90°角尺找正主轴

　　用百分表进行找正时，将表杆固定在立铣头主轴上，安装百分表，使百分表测量杆与工作台台面垂直。测量时，使测量触头与工作台台面接触，测量杆压缩0.3～0.5mm，记下表的读数，然后旋转立铣头主轴一周，记下读数，其差值在300mm长度上应不大于0.02mm，百分表找正主轴如图2-2-29所示。检测时，应断开主轴电源开关，主轴转速挡挂在高速挡位置上。

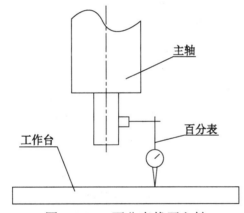

图 2-2-29　百分表找正主轴

　　② 卧式铣床调整工作台"零位"的找正。

　　利用回转盘刻度找正时，只需使回转盘的"零"刻线对准鞍座上的基准线，铣床主轴轴线与工作台纵向进给方向即保持垂直。这种找正方法精度不高，只适用于加工一般要求的工件。

　　还可以利用百分表进行找正。

　　2）顺铣与逆铣

　　（1）顺铣与逆铣的概念。

　　铣削有顺铣与逆铣两种铣削方式。

　　顺铣——铣削时，铣刀对工件的作用力在进给方向上的分力与工件进给方向相同的铣削。

　　逆铣——铣削时，铣刀对工件的作用力在进给方向上的分力与工件进给方向相反的铣削。

（2）周铣时的顺铣与逆铣。

① 周铣顺铣的优点。

a．铣削时较平稳。对不易夹紧的工件及细长的薄板形工件尤为合适。

b．铣刀刀刃切入工件时的切屑厚度最大，并逐渐减小到零。刀刃切入容易，且铣刀后面对工件已加工表面的挤压、摩擦小，故刀刃磨损慢，加工出的工件表面质量较高。

c．消耗在进给运动方向的功率较小。

② 周铣顺铣的缺点。

a．顺铣时，刀刃从工件的外表面切入工件，因此当工件是有硬皮和杂质的毛坯件时，容易磨损和损坏刀具。

b．顺铣时，水平方向的分力与工件进给方向相同，会拉动铣床工作台。当工作台进给丝杠与螺母的间隙较大及轴承的轴向间隙较大时，工作台会产生间隙性窜动，易导致铣刀刀齿折断、铣刀杆弯曲、工件与夹具产生位移，甚至机床损坏等严重后果。

③ 周铣逆铣的优点。

a．在铣刀中心进入工件端面后，刀刃沿已加工表面切入工件，铣削表面有硬皮的毛坯件时，对铣刀刀刃损坏的影响小。

b．水平方向的分力与工件进给方向相反，铣削时不会拉动铣床工作台。

④ 周铣逆铣的缺点。

a．逆铣时，垂直方向的分力始终向上，需对工件采用较大的夹紧力。

b．逆铣时，在铣刀中心进入工件端面后，刀刃切入工件时的切削厚度为零，并逐渐增到最大，因此切入时铣刀后面对工件表面的挤压、摩擦严重，加速刀齿磨损，影响铣刀寿命，工件加工表面产生硬化层，影响工件已加工表面的加工质量。

c．逆铣时，消耗在进给运动方向的功率较大。

周铣时顺铣与逆铣的选择：在铣床上进行周铣时，一般都采用逆铣。由于顺铣也有诸多优点，所以当丝杠、螺母传动附有间隙，调整机构将轴向间隙调整到较小（0.03～0.05mm），水平方向的分力小于工作台导轨间的摩擦力，以及铣削不易夹牢薄而细长的工件时，可选用顺铣。

（3）端铣时的顺铣与逆铣。

端铣时，根据铣刀与工件之间的相对位置不同，分为对称铣削与非对称铣削两种。端铣也有顺铣和逆铣之分。

（1）非对称铣削。铣削宽度 a_e 不对称于铣刀轴线的端铣称为非对称铣削。按切入边和切出边所占铣削宽度的比例不同，非对称铣削分为非对称顺铣和非对称逆铣两种。

（2）对称铣削。铣削宽度 a_e 对称于铣刀轴线的端铣称为对称铣削。

3）影响平面铣削精度的因素

（1）影响平面度的因素。

① 用周铣铣削平面时，圆柱铣刀的圆柱度差。

② 用端铣铣削平面时，铣床主轴轴线与进给方向不垂直。

③ 工件受夹紧力和铣削力的作用产生变形。

④ 工件自身存在内应力，在表面层材料被切除后产生变形。

⑤ 铣床工作台进给运动的直线度较差。

⑥ 铣床主轴轴承的轴向和径向间隙大。

⑦ 铣削时，由铣削热引起工件的热变形。

⑧ 铣削时，由于圆柱铣刀的宽度或端铣刀的直径小于被加工面的宽度而接刀，产生接刀痕。

（2）影响表面粗糙度的因素。

① 铣刀磨损，刀具刃口变钝。

② 铣削时，进给量太大。

③ 铣削时，切削深度太大。

④ 铣刀的几何参数选择不当。

⑤ 铣削时，切削液选择不当。

⑥ 铣削时有振动。

⑦ 铣削时有积屑瘤产生，或切屑有黏刀现象。

⑧ 铣削时有拖刀现象。

⑨ 铣削过程中因进给停顿，铣削力突然减小，而使铣刀下沉在工件加工面上切出凹坑（称为"深啃"）。

3．垂直面和平行面铣削

1）基准面的概念

在零件图中，用来确定其他表面等几何要素的位置的面称为基准面。

在加工中，基准面用作定位面。例如，在加工矩形工件（见图 2-2-30）时，要求铣出的平面 2 和平面 3 平行。在加工过程中，应以平面 1 来定位，故取平面 1 为定位基准面。

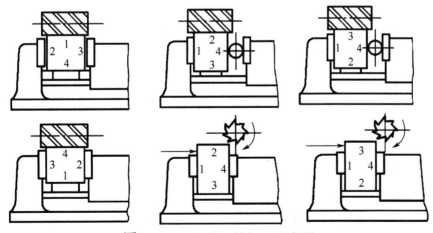

图 2-2-30　矩形工件加工示意图

2）铣垂直面的方法

铣垂直面就是要求铣出的平面与基准面垂直。用圆柱铣刀在卧式铣床上铣出的平面和用端铣刀在立式铣床上铣出的平面，都与工作台台面平行。所以在这种条件下铣垂直面，只要把基准面安装得与工作台台面垂直就可以了。这就是铣垂直面需要注意的主要问题，至于加工方法，则与铣平面的加工方法完全相同。

（1）将工件装夹在平口钳内加工。

（2）将工件装夹在角铣上加工。

（3）用压板装夹尺寸较大的工件。

3）铣垂直面的质量分析

铣垂直面的质量分析除了表面粗糙度及平面度，主要的铣削质量问题是加工面的垂直度超差，其主要原因有下列几点。

（1）平口钳固定钳口与工作台台面不垂直。产生这种情况的原因，除了平口钳安装和校正不好，夹紧力过大也可能使平口钳变形，从而使固定钳口外倾。夹紧时，不应接长平口钳夹紧手柄，也不得用手锤猛敲手柄。因为过分施力夹紧，会使固定钳口外倾而不能回复到正确位置，使平口钳定位精度下降。尤其在精铣时，夹紧力不宜过大。

（2）工件基准面与固定钳口不贴合。除了应修去工件毛刺、擦净工件基准面和固定钳口污物，还应在活动钳口处放置一根圆棒或一条窄长而较厚的铜皮。

（3）带有锥度的圆柱铣刀或立铣刀在卧式铣床上周铣垂直面时，应重新磨准铣刀，满足圆柱铣刀和立铣刀的圆柱度要求。

（4）基准面质量差。当基准面较粗糙和平面度较差时，将在装夹过程中造成误差，致使铣出的垂直面无法达到要求。

（5）在卧式铣床上进行端面铣削垂直面时，工作台"零位"不准，工作台垂向进给铣削会影响垂直度。铣削前应校正工作台"零位"。

（6）立式铣床主轴"零位"不准，其影响与在卧式铣床上进行端面铣削垂直面时工作台"零位"不准的影响相似，铣削前应校正立铣头"零位"。

4）铣平行面的方法

（1）工件上有垂直于基准面的平面。

当工件上有垂直于基准面的平面时，可利用这个平面进行装夹。工件在平口钳上装夹，可将该平面与固定钳口贴合，然后用铜锤轻敲顶面，使工件基准面与平口钳导轨面贴合，这时铣出的工件顶面即与基准面平行。若工件直接装夹在工作台上，则可采用定位块使基准面与工作台台面垂直并与进给方向平行，这时用端铣刀铣出的平面即平行面。由于采用这种装夹方法加工平行面时，加工质量与垂直面的精度有密切关系，因而在加工前必须预先检查其垂直度，若不够准确则应进行修正或垫准。

（2）工件上没有与基准面垂直的平面。

当工件上没有与基准面垂直的平面时，应设法使基准面与工作台台面平行。若在平口钳上装夹工件，则下面最好垫两块等高的平行垫铁。必要时，可在固定钳口的下部或上部垫铜皮或纸片。夹紧时，用铜锤轻敲工件顶面，使基准面与垫铁面紧贴，从而与工作台台面平行。若工件上有可供压板直接压紧的位置，则可将工件直接装夹在工作台上加工，使基准面与工作台台面贴合，然后铣出平行面。

（3）铣平行面时造成平行度误差的主要原因，有下列几个方面。

① 基准面与工作台台面之间没有擦干净。

② 平口钳导轨面与工作台台面不平行，或平行垫铁精度较差等因素，使工件基准面无法与工作台台面平行。

③ 若与固定钳口贴合的面垂直度差，则铣出的平行面也会产生误差。

④ 端铣时，若进给方向与铣床主轴轴线不垂直，则将影响工件平面度。当进行不对称铣削时，两相对平面呈不对称凹面也会影响工件平行度。

⑤ 周铣时，铣刀圆柱度差，会影响加工面对基准面的平行。

4. 斜面铣削

1）斜面的铣削方法

（1）斜面。

斜面在图样上有两种表示方法。

① 用倾斜角度 β 的度数（°）表示。

② 用斜度 S 的比值表示。

（2）铣削方法。

铣削斜面时，工件、机床、刀具之间的关系必须满足两个条件：一是工件的斜面应平行于铣削时铣床工作台的进给方向；二是工件的斜面应与铣刀的切削位置相吻合，即用圆柱铣刀铣削时，斜面与铣刀的外圆柱面相切；用端铣刀铣削时，斜面与铣刀的端面相重合。

在铣床上铣斜面的方法有工件倾斜铣斜面、铣刀倾斜铣斜面和用角度铣刀铣斜面三种。

① 工件倾斜铣斜面（见图 2-2-31）。在卧式铣床或立铣头不能转动角度的立式铣床上铣斜面时，可将工件倾斜所需角度后，铣削斜面。

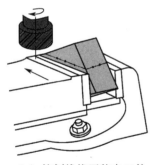
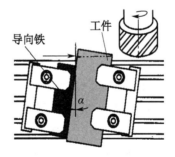

（a）按划线找正装夹工件　　　　　　（b）用导向铁装夹工件

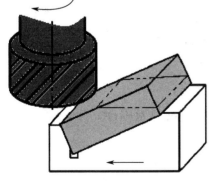
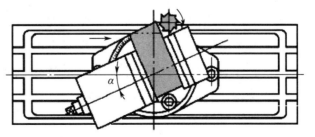

（c）用倾斜垫铁定位工件　　　　　　（d）调转钳体角度

图 2-2-31　工件倾斜铣斜面

② 铣刀倾斜铣斜面（见图 2-2-32）。在立铣头主轴可转动角度的立式铣床上，安装立铣刀或端铣刀，用平口钳或压板装夹工件，可以铣削要求的斜面。用平口钳装夹工件时，常用的方法有以下两种：工件的基准面与工作台台面平行装夹工件；工件的基准面与工作台台面垂直装夹工件。

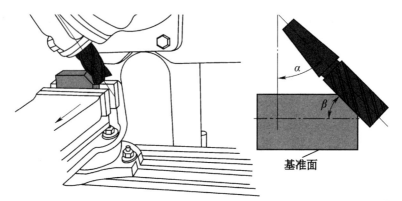

工件基准面与工作台台面平行，$\alpha = 90° - \beta$

图 2-2-32　铣刀倾斜铣斜面

③ 用角度铣刀铣斜面（见图 2-2-33）。宽度较窄的斜面，可用角度铣刀铣削。

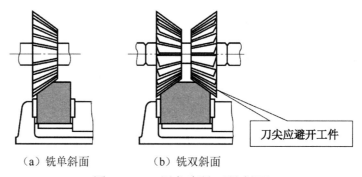

（a）铣单斜面　　　　　（b）铣双斜面

图 2-2-33　用角度铣刀铣斜面

2）影响斜面铣削精度的因素

（1）影响斜面尺寸精度的因素。

① 看错刻度或摇错手柄转数，以及没有消除丝杠与螺母之间的间隙。

② 测量不准，将尺寸铣错。

③ 在铣削过程中，工件有松动现象。

（2）影响斜面角度的因素。

① 立铣头转动角度不准确。

② 按画线装夹工件铣削时，画线不准确或铣削时工件产生位移。

③ 采用周铣时，铣刀圆柱度误差大（如有锥度）。

④ 用角度铣刀铣削时，铣刀角度不准。

⑤ 工件装夹时，平口钳钳口、钳体导轨面及工件表面未擦净。

（3）影响斜面表面粗糙度的因素。

① 进给量过大。

② 铣刀不锋利。

③ 机床、夹具刚性差，铣削时有振动。

④ 在铣削过程中，工作台进给或主轴回转时突然停止，啃伤工件表面。

⑤ 铣削钢件时未使用切削液，或切削液选用不当。

2.2.5 铣削台阶、直角沟槽与键槽

1. 铣削台阶

1）铣削台阶的方法

（1）用三面刃铣刀铣削。

三面刃铣刀有直齿和错齿两种。直径大的错齿三面刃铣刀大多是镶齿式结构，当某一刀齿损坏后，只对一个刀齿进行更换即可。由于三面刃铣刀的直径和刀齿尺寸都比较大，容屑槽也较大，所以刀齿的强度大，排屑、冷却较好，生产效率较高，因此在铣削宽度 B 小于 25mm 的台阶时，一般都采用三面刃铣刀。铣削时，三面刃铣刀的圆柱面刀刃起主要的切削作用，两个侧面刀刃起修光作用。

① 选择铣刀主要考虑三面刃铣刀的宽度 L 和直径 D。三面刃铣刀的宽度应大于台阶宽度，即 $L>B$，以便在一次进给中铣出台阶的宽度。铣削中，为使台阶的上平面能在回转的铣刀杆下通过，三面刃铣刀的直径应按下式计算确定：

$$D > d + 2t$$

式中　　D——铣刀直径（mm）；

　　　　d——刀轴垫圈直径（mm）；

　　　　t——台阶的深度（mm）。

② 工件的装夹和找正。一般工件可用平口钳装夹；尺寸较大的工件可用压板装夹；形状复杂的工件或大批量生产的工件可用专用夹具装夹。采用平口钳装夹工件时，应找正固定钳口与铣床主轴轴线垂直。装夹工件时，应使工件的底面靠向钳体导轨面，台阶底面应高出钳口的上平面，以免将钳口铣坏。

③ 铣削方法：工件装夹找正后，手摇各进给手柄，使回转的铣刀侧面刀刃擦着台阶侧面的贴纸，如图 2-2-34（a）所示；然后垂直降落工作台，如图 2-2-34（b）所示；工作台横向移动一个台阶宽度 B 后紧固横向进给；再上升工作台，使铣刀的圆柱面刀刃擦着工件上表面的贴纸，如图 2-2-34（c）所示；摇动工作台纵向进给手柄，退出工件，上升工作台一个台阶深度，摇动纵向进给手柄使工件靠近铣刀，手动或自动纵向进给铣出台阶，如图 2-2-34（d）所示。

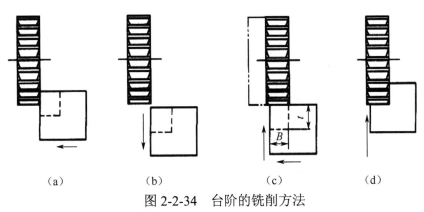

| (a) | (b) | (c) | (d) |

图 2-2-34　台阶的铣削方法

④ 用一把三面刃铣刀铣双面台阶时，可先铣出一侧的台阶，然后退出工件将工作台横向进给移动一个距离 A（$A=L+C$），紧固横向进给后铣出另一侧台阶，如图 2-2-35 所示。

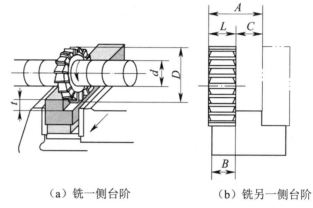

（a）铣一侧台阶　　　　（b）铣另一侧台阶

图 2-2-35　三面刃铣刀铣双面台阶

（2）用端铣刀铣削台阶。

宽度较大且深度较小的台阶，常使用端铣刀在立式铣床上铣削。端铣刀刀杆刚度大，铣削时切屑厚度变化小，切削平稳，加工表面质量好，生产效率较高。铣削时，所选用端铣刀的直径应大于台阶宽度，一般可按 $D=(1.4\sim1.6)B$ 选取（见图 2-2-36）。

（3）用立铣刀铣削台阶。

深度较大的台阶或多级台阶，可用立铣刀在立式铣床上铣削，然后将台阶精铣成型。由于立铣刀刚度小，强度较弱，铣削时，可分几次粗铣，铣削时选用的切削用量比使用三面刃铣刀铣削时要小，否则容易产生"让刀"现象，甚至折断铣刀（见图 2-2-37）。

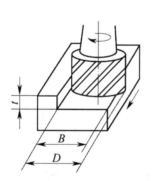

图 2-2-36　用端铣刀铣台阶

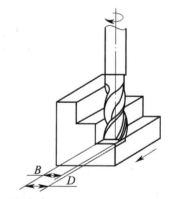

图 2-2-37　用立铣刀铣台阶

（4）用组合铣刀铣削台阶。

成批生产时，可采用两把三面刃铣刀组合铣削的方法铣削台阶，不仅可以提高生产效率，而且操作简单，并能保证工件质量。

2）测量台阶的方法

台阶的宽度和深度一般可用游标卡尺、深度游标卡尺测量。两边对称的台阶，当台阶深度较大时，可用千分尺测量；当台阶深度较小时，可用极限量规测量。

3）影响台阶铣削精度的因素

（1）影响尺寸精度的因素。

① 工作台移动时尺寸摇得不准。

② 测量不准确。

③ 铣削时，铣刀受力不均匀出现"让刀"现象。

④ 铣刀摆差太大。

⑤ 工作台"零位"不准，用三面刃铣刀铣台阶时会使台阶上窄下宽。

（2）影响形状位置精度的因素。

① 平口钳固定钳口找正不准确，或用压板装夹时工件找正不准确，使铣出的台阶产生歪抖。

② 工作台"零位"不准，用三面刃铣刀铣削时不仅会使台阶上窄下宽，还会把台阶侧面铣成凹面。

③ 立铣头"零位"不准，纵向进给用立铣刀铣削时会将台阶底面铣成凹面。

（3）影响表面粗糙度的因素。

① 铣刀变钝。

② 铣刀径向圆跳动量太大。

③ 铣削用量选择不当，尤其是进给量过大。

④ 铣削钢件时没有使用切削液，或切削液选用不当。

⑤ 铣削时振动太大，未使用的进给机构没有紧固，工作台产生窜动现象。

2. 铣削直角沟槽

1）铣削直角沟槽的方法

（1）用立铣刀铣削直角沟槽。

封闭式的直角沟槽一般都采用立铣刀或键槽铣刀加工。立铣刀最适宜加工两端封闭、底部穿通、槽宽精度要求较低的直角沟槽，如各种压板上的穿通槽。由于立铣刀的端面切削刃不通过中心，因此，加工封闭式直角沟槽时要预钻落刀孔。

立铣刀的强度及装夹刚度较小，容易折断或出现"让刀"现象，加工较深的槽时应分层铣削，进给量要比三面刃铣刀小些。对于槽宽要求较高、深度较小的封闭式或半封闭式直角沟槽，可采用键槽铣刀加工。

（2）用三面刃铣刀铣削直角沟槽。

敞开式直角沟槽又称为直角通槽，当其尺寸较小时，通常采用三面刃铣刀加工；成批生产时采用盘形槽铣刀加工。

（3）用合成铣刀铣削直角沟槽。

成批加工宽度较大的沟槽时，可采用合成铣刀。合成铣刀由两部分镶合而成，当铣刀刀齿因刃磨而变窄时，中间可加垫圈或铜皮，使铣刀宽度增大到所需要的尺寸。这种铣刀的左半部分为左旋，右半部分为右旋，比盘形槽铣刀切削性能好，更适宜于成批、大量生产。

2）铣削步骤

现以加工图 2-2-38 所示的压板沟槽为例，用立铣刀在立式铣床上加工，其铣削方法和步骤如下。

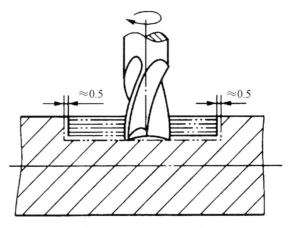

图 2-2-38　压板沟槽

（1）选择铣刀考虑沟槽尺寸。

（2）装夹工件。

（3）选择铣削用量。

（4）调整铣刀与工件的相对位置。

3．铣削键槽

1）键槽

（1）键槽的作用。

键连接是通过键将轴与轴上零件（如齿轮、带轮、凸轮等）连接在一起，实现周向固定，并传递转矩的连接。键连接属于可拆卸连接，具有结构简单、工作可靠、装拆方便和已经标准化等特点，故得到广泛的应用。键连接中使用最普遍的是平键连接。平键是标准件，它的两侧面是工作面，用以传递转矩。轴上的键槽俗称为轴槽，轴上零件（即套类零件）的键槽俗称为轮毂槽。轴槽与轮毂槽都是直角沟槽。轴槽多用铣削的方法加工。

（2）对键槽的技术要求。

由于轴槽的两侧面与平键两侧面相配合，以传递转矩，是主要工作面，因此，轴槽宽度的尺寸精度要求较高（IT9 级），两侧面的表面粗糙度值较小（Ra=3.2μm），轴槽对轴线的对称度公差为 7～9 级。轴槽的深度、长度尺寸要求较低，槽底面的表面粗糙度值较大。

2）铣削键槽的步骤、方法

轴上的键槽有通槽、半通槽和封闭槽三种（见图 2-2-39）。轴上的通槽和槽底一端是圆弧形的半通槽，一般选用盘形槽铣刀铣削，轴槽的宽度由铣刀宽度保证，半通槽一端的槽底圆弧半径由铣刀半径保证。轴上的封闭槽和槽底一端是直角的半通槽，用键槽铣刀铣削，并按轴槽的宽度尺寸来确定键槽铣刀的直径。

（1）工件的装夹。

装夹工件不仅要保证工件稳定、可靠，还要保证轴槽的中心平面通过轴线。常用的装夹方法有以下几种。

① 用平口钳装夹。

② 用 V 形架装夹。

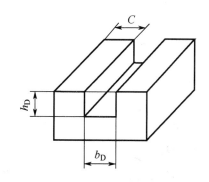

（a）通槽

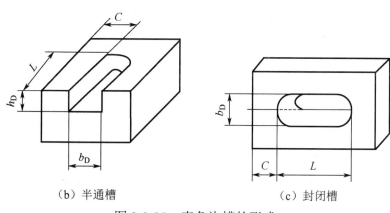

（b）半通槽　　　　　（c）封闭槽

图 2-2-39　直角沟槽的形式

③ 用分度头装夹。

（2）铣刀位置的调整。

为保证轴上键槽的对称度，必须调整铣刀的位置，使键槽铣刀的轴线或盘形槽铣刀的对称平面通过工件的轴线。常用的调整方法如下。

① 按切痕调整工件对中心（见图 2-2-40）。这种方法对中精度不高，但使用简便，是最为常用的一种方法。

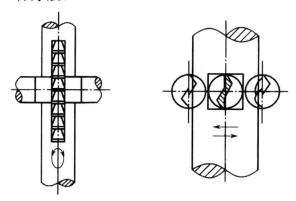

（a）盘形槽铣刀切痕对中心　　　（b）键槽铣刀切痕对中心

图 2-2-40　按切痕调整工件对中心

② 按侧面调整工件对中心（见图 2-2-41）。这种方法对中精度较高，适用于直径较大的盘形槽铣刀或键槽铣刀较长（相对工件直径而言）的场合。调整时，先

在工件侧面贴一层薄纸，开动机床，使回转的铣刀逐渐靠向工件，当铣刀的刀刃擦到薄纸后，降下工作台退出工件，再将工作台横向移动一个距离 A，A 可用下式计算：

$$A=\frac{D+L}{2}+\delta \text{（用盘形槽铣刀时）}, \quad A=\frac{D+d}{2}+\delta \text{（用键槽铣刀时）}$$

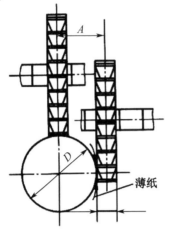

（a）用盘形槽铣刀铣削时对中心　　　（b）用键槽铣刀铣削时对中心

图 2-2-41　按侧面调整工件对中心

③ 用杠杆百分表调整铣刀位置对中心。这种方法对中精度高，适合在立式铣床上采用，调整时将杠杆百分表固定在立铣头主轴上，用手转动主轴，观察百分表在钳口两侧、V 形架两侧和角尺两侧的读数，横向移动工作台使两侧读数相同。

（3）铣削键槽的方法。

① 铣通槽或一端为圆弧形的半通槽时，一般都采用盘形槽铣刀来加工。对于长轴类零件，若外圆已经磨削，则可采用平口钳装夹进行铣削。为避免因工件伸出钳口太多而产生振动和弯曲，可在伸出端用千斤顶支承。若采用一夹一顶装夹工件铣削通槽，则中间需用千斤顶支承。

② 用键槽铣刀铣削轴上封闭槽的方法有以下两种。

第一，分层铣削法。分层铣削法用符合键槽宽度尺寸的铣刀分层铣削键槽。

第二，扩刀铣削法。扩刀铣削法先用直径较小的键槽铣刀（比槽宽小 0.5mm 左右）进行分层往复粗铣至槽深，深度留余量 0.1～0.3mm，槽长两端各留余量 0.2～0.5mm，再用符合轴槽宽度的键槽铣刀精铣。精铣时，由于铣刀的两个刀刃的径向力能相互平衡，所以铣刀偏让量较小，键槽的对称度好。但应当注意消除横向进给丝杠和螺母配合间隙的影响，以免键槽中心位置偏移。

3）键槽的检测

（1）键槽长度和深度的检测。

轴上键槽的长度和深度可用游标卡尺或千分尺检测。用游标卡尺测量时，可在轴槽内放一块比槽深略高的平键，量得的尺寸减去平键高度尺寸即槽深。宽度大于千分尺测量杆直径的轴槽，可用千分尺直接测量。

（2）轴槽宽度的检测。

常用塞规或塞块检测轴槽宽度。

（3）键槽对称度的检测。

将工件置于 V 形架上，选择一块与轴槽尺寸相同的塞块塞入轴槽内，并使塞块的平面大致处于水平位置，用百分表检测塞块的 A 面与平板（或工作台台面）平面是否平行并读数，然后将工件转动 180°，用百分表检测塞块的 B 面与平板平面是否平行并读数，两次读数差值的一半就是轴上键槽的对称度误差。

4）影响键槽铣削精度的因素

（1）影响尺寸精度的因素。

① 没有经过试铣检查铣刀尺寸，就直接铣削工件，造成尺寸误差。

② 用键槽铣刀铣键槽时，铣刀径向圆跳动量过大；用盘形槽铣刀铣键槽时，铣刀端面圆跳动量过大，将轴槽铣宽。

③ 铣削时，吃刀深度过大，进给量过大，产生"让刀"现象，将槽铣宽。

（2）影响对称度的因素。

① 铣刀对中不准。

② 铣削时，铣刀让刀量太大。

③ 成批生产时，工件外圆尺寸误差太大。

④ 轴槽两侧扩铣余量不一致。

（3）影响键槽两侧面与轴线平行度的因素。

① 工件外圆直径圆柱度超差。

② 用平口钳或 V 形架装夹工件时，平口钳或 V 形架没有找正好。

（4）影响键槽底与轴线平行度的因素。

① 工件上的素线未找准水平。

② 选用的垫铁不平行，或选用的两个 V 形架不等高。

作
业
单

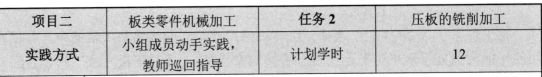

项目二	板类零件机械加工	任务2	压板的铣削加工
实践方式	小组成员动手实践，教师巡回指导	计划学时	12

实践内容

填写项目二工作页中的计划单、决策单、材料工具单、实施单、检查单、评价单等。

学生任务：完成图 2-2-42 所示的型腔零件的加工。

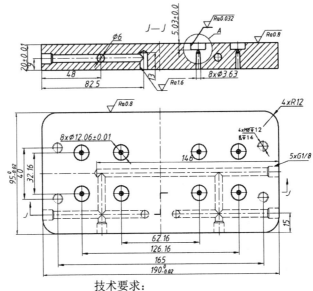

技术要求：

1．所有尺寸单位是公制 mm。

2．锐边未注倒角为 C1。

3．成型表面要求抛光至 Ra 为 0.032μm。

图 2-2-42　型腔零件

1．小组讨论，共同制订计划，完成计划单。

2．小组根据班级各组计划，综合评价方案，完成决策单。

3．小组成员根据需要完成的工作任务，完成材料工具单。

4．小组成员共同研讨，确定动手实践的实施步骤，完成实施单。

5．小组成员根据实 124 施单中的实施步骤，完成动模座板零件加工。

6．检测小组成员加工的板类，完成检查单。

7．按照专业能力、社会能力、方法能力三方面综合评价每位学生，完成评价单。

班级		姓名		第　　组		日期	

项目二	板类零件机械加工	任务 3	成型零件加工
任务学时		16	

布置任务

工作目标	1. 掌握数控铣床的加工特点。 2. 掌握数控铣床的基本结构及安全操作规章。 3. 掌握数控铣床加工程序的编制。 4. 掌握加工中心常用工具。
任务描述	在数控铣床上加工图 2-3-1 所示的模具成型零件。 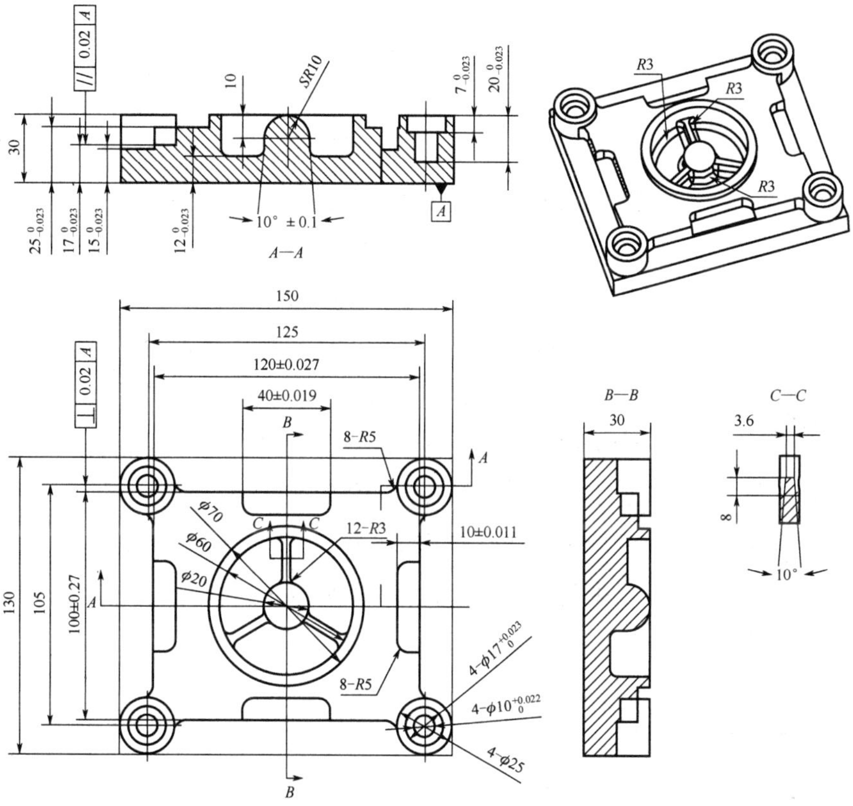 技术要求： 1. 所有尺寸单位是公制 mm。 2. 锐边未注倒角为 C1。 3. 成型表面要求抛光至 Ra=0.03μm。 图 2-3-1　模具成型零件

学时安排	获取信息 2 学时	计划 1 学时	决策 1 学时	实施 10 学时	检查 1 学时	评价 1 学时

提供资源	1. 零件图样和工艺规程。 2. 教案、课程标准、多媒体课件、加工视频、参考资料、数控铣床岗位技术标准等。 3. 数控铣床有关的工具和量具。

对学生的要求	1. 学生具备模具零件图的识图能力，掌握模具零件的材料性质。 2. 铣削时必须遵守安全操作规程，做到文明操作。 3. 加工的成型零件尺寸要符合技术要求。 4. 以小组的形式进行学习、讨论、操作、总结，每位学生必须积极参与小组活动，进行自评和互评；上交一个零件，并对自己的产品进行分析。

项目二	板类零件机械加工	任务3	成型零件加工
获取信息 学时	2		
获取信息 方式	观察事物、观看视频、查阅书籍、利用互联网及信息单查询问题、咨询教师		
获取信息 问题	1．数控机床的工作环境有哪些？ 2．数控铣床的加工特点有哪些？ 3．数控铣床的结构组成有哪几部分？ 4．数控铣床的安全操作规程有哪些？ 5．FANUC系统常用的编程指令有哪些？ 6．加工中心的辅具及辅助设备有哪些？ 7．加工中心常用工具有哪些？ 8．铣削时工件的表面有哪些？ 9．学生需要单独获取信息的问题……		
获取信息 引导	1．问题1可参考信息单2.3.1节的内容。 2．问题2可参考信息单2.3.2节的内容。 3．问题3可参考信息单2.3.3节的内容。 4．问题4可参考信息单2.3.4节的内容。 5．问题5可参考信息单2.3.5节的内容。 6．问题6可参考信息单2.3.6节的内容。 7．问题7可参考信息单2.3.7节的内容。 8．问题8可参考信息单2.3.8节的内容。		

信
息
单

任务3 成型零件加工 •••••

2.3.1 数控机床的工作环境

精密数控设备一般有恒温环境的要求，只有在恒温条件下，才能确保机床精度和加工度。一般普通型数控机床对室温没有具体要求，但大量实践表明，当室温过高时数控系统的故障率大大增加。潮湿的环境会降低数控机床的可靠性，尤其在酸性较大的潮湿环境下，会使印制线路板和接插件锈蚀，机床电气故障也会增加，在夏季和雨季时应对数控机床环境实行去湿的措施。

数控机床的工作环境如图 2-3-2 所示。

图 2-3-2　数控机床的工作环境

（1）工作环境温度应在 0～35℃，避免阳光对数控机床直接照射，室内应配有良好的灯光照明设备。

（2）为了提高加工零件的精度、减小机床的热变形，如有条件，可将数控机床安装在相对密闭的、加装空调设备的厂房内。

（3）工作环境的相对湿度应小于 75%。数控机床应安装在远离液体飞溅的场所中，并防止厂房滴漏。

（4）数控机床应安装在远离过多粉尘和腐蚀性气体的环境中。

2.3.2 数控铣削的加工特点

（1）加工精度高。在加工中心上加工，其工序高度集中，一次装夹即可加工出零件上的大部分甚至全部表面，避免了工件多次装夹所产生的装夹误差，因此，加工表面和加工中心面之间能获得较高的相互位置精度。

（2）精度稳定。整个加工过程由程序自动控制，不受操作者人为因素的影响。同时，没有凸轮、靠模等硬件，省去了制造和使用中磨损等造成的误差，加上机床的位置补偿功能、较高的定位精度和重复定位精度，加工出的零件尺寸一致性好。

（3）效率高。一次装夹能完成较多表面的加工，减少了多次装夹工件所需的辅助时间。同时，减少了工件在机床与机床之间、车间与车间之间的周转次数和运输工作量。

（4）表面质量好。加工中心主轴转速和各轴进给量均是无级调速的，有的甚至具有自适应控制功能，能随刀具和工件材质及刀具参数的变化，把切削参数调整到最佳数值，从而提高了各加工表面的质量。

（5）软件适应性大。零件每个工序的加工内容、机床切削用量、工艺参数都可以编入程序，可以随时修改，这给新产品试制、实行新的工艺流程和试验提供了方便。

图 2-3-3 所示为数控铣床加工的零件。

图 2-3-3　数控铣床加工的零件

2.3.3 数控铣床的基本结构

数控铣床一般由基础部件、数控系统、主传动系统、进给伺服系统、冷却润滑系统等几大部分组成。加工中心是指镗铣类加工中心，它把铣削、镗削、钻削、攻螺纹和切削螺纹等功能集中在一台设备上，使其具有多种工艺手段，又由于工件经一次装夹后，能对两个以上的表面自动完成加工，并且有多种换刀或选刀功能及自动工作台交换装置（APC），从而使生产效率和自动化程度大大提高。加工中心若要加工出零件所需形状至少要有三个坐标运动，即由三个直线运动坐标 x、y、z 和三个转动坐标 A、B、C 适当组合而成，多者能达到十几个运动坐标。其控制功能应最少两轴半联动，多的可实现五轴联动、六轴联动，现在又出现了并联数控机床，从而保证刀具按复杂的轨迹运动。加工中心应具有各种辅助功能，如各种加工固定循环、刀具半径自动补偿、刀具长度自动补偿、刀具破损报警、刀具寿命管理、过载自动保护、丝杠螺距误差补偿、丝杠间隙补偿、故障自动诊断、工件与加工过程显示、工件在线检测和加工自动补偿乃至切削力控制或切削功率控制、提供 DNC 接口等，这些辅助功能使加工中心更加自动化、高效、高精度。同样，生产的柔性促进了产品试制、实验效率的提高，使产品改型换代成为易事，从而适应于灵活多变的市场竞争战略。数控铣床的基本结构如图 2-3-4 所示。

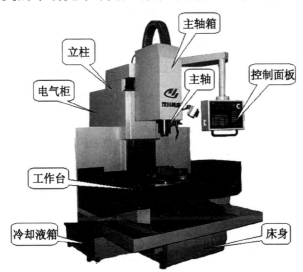

图 2-3-4　数控铣床的基本结构

2.3.4　数控铣床的安全操作规程

1. 数控铣削安全操作规程

数控机床是一种自动化程度较高，结构较复杂的先进加工设备，为了充分发挥机床的优越性，提高生产效率，管好、用好、修好数控机床，技术人员的素质及文明操作显得尤为重要，操作人员除了要熟悉数控机床的性能，做到熟练操作，还必须养成文明操作、良好工作的习惯和严谨的工作作风，具有良好的职业素质、责任心和合作精神。

2. 安全、文明操作教育

（1）实习前必须穿好工作服，女同学要戴好帽子并将头发塞入帽内，不得穿裙子、背心、拖鞋进入车间。

（2）严禁戴手套操作机床。

（3）未经教师允许，不得擅自操作机床，学生必须在教师指导下严格按照操作步骤操作机床。

（4）严格按照单人操作，其他人检查、指导的原则操作机床。

（5）学生必须在完全清楚操作步骤及旋钮功用后才进行操作，有问题及时询问教师，不可尝试性操作。

（6）学生操作机床时，必须擦干净手上的油污，避免按键短路引起机床故障，机床有异常时要及时报告。

（7）在进给中不准用手抚摸工件表面，加工完成时，必须先停止进给，再停止刀具旋转。

（8）所有程序必须在教师检查无误后方可进行加工，运行程序时必须由教师监督，运行时关闭防护门。

（9）严禁在实习期间打闹、喧哗和玩游戏。

（10）学生如违反安全操作规程，应给予其严厉警告；学生造成严重机床故障时，应根据有关规定取消其实习资格、成绩或让其给予赔偿。

（11）加工完成后必须清理机床，要收拾好工具，摆放整齐。

（12）铁屑与抹布要分开，分别放到指定垃圾桶中。

3. 数铣/加工中心安全操作规程及工艺守则

（1）机床通电后，要检查各开关、按钮和按键是否正常、灵活，机床有无异常现象。

（2）检查电压、油压、气压是否正常，有手动润滑的部位先要进行手动润滑。

（3）手动回参考点各轴须离机械原点 30mm 以上。

（4）为了使机床达到热平衡状态，必须使机床空运转 15min 以上。

（5）机床操作时应遵循先回零、手动、点动、自动的原则，机床运行应遵循先低速、中速，再高速的原则，其中低速、中速运行时间不少于 2min。

（6）在加工时，工作台和各导轨面下不得摆放工具。

（7）手动或使用手轮移动各轴时必须先看清各轴正、负，再选择小进给倍率或慢转手轮，待方向正确后再快速移动，在对刀时要打到手轮移动，防止撞刀。

（8）测量工件时，必须等机床进给、主轴停止后再进行，此时绝对不能触及循环按钮，以防伤人。

（9）试切进刀时，进给速度倍率开关必须转到低挡位置，在刀具运行至工件表面 30～50mm 处，必须在进给保持下，验证 Z 轴剩余坐标值及 X、Y 轴坐标值与加工数据是否一致。

（10）操作者不允许在加工中离开机床，注意观察下列现象：

① 刀具使用是否合理。

② 机床各部件运转是否正常。

③ 切削路线、切削方位是否正确，切削用量是否合适。

④ 冷却和润滑使用是否合理。

⑤ 工件在加工过程中是否有松动现象。

⑥ 机床在加工过程中是否有异常现象。

（11）加工完毕，机床主轴停转 3min 可关机，注意关机顺序，先按下控制面板上的急停按钮，再按下控制面板上的电源键，最后关闭机床电源。

2.3.5 加工程序的编制

1. 数控编程的内容

（1）加工工艺分析：编程人员首先要根据零件图，对零件的材料、形状、尺寸、精度和热处理要求等，进行加工工艺分析。

（2）数值计算：根据零件图的几何尺寸确定工艺路线及设定坐标系，计算零件粗、精加工运动的轨迹，得到刀位数据。

（3）编写加工程序：加工路线、工艺参数及刀位数据确定后，编程人员就可以根据数控系统规定的功能指令代码及程序段的格式，逐段编写加工程序。

（4）制备控制介质。

（5）程序校验试切。

数控机床所使用的程序是按一定的格式并以代码的形式编制的，一般称为"加工程序"，目前零件的加工程序编制方法主要有手工编程、自动编程、CAD/CAM 三种。

2. 坐标系

为了确定机床的运动方向、移动的距离，要在机床上建立一个坐标系，这个坐标系就是标准坐标系。在编制程序时，以该坐标系来规定运动的方向和距离。数控机床上的坐标系采用的是右手笛卡儿坐标系。如图 2-3-5 所示，拇指所指的方向为 X 轴的正方向，食指所指的方向为 Y 轴的正方向，中指所指的方向为 Z 轴的正方向。下面介绍两种常见的坐标系。

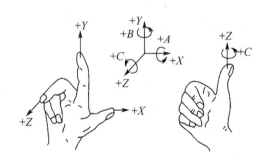

图 2-3-5　右手笛卡儿坐标系

1）机床坐标系

机床坐标系是机床上固有的坐标系，如图 2-3-6 所示，机床坐标系的方位是参考机床上的一些基准来确定的。机床上有一些固定的基准线，如主轴中心线，还有固定的基准面，如工作台面、主轴端面、工作台侧面、导轨面等，不同的机床有不同的坐标系。

2）工作坐标系

工作坐标系是编程人员在编程和加工时使用的坐标系，如图 2-3-7 所示，是程序的参考坐标系，工作坐标系的位置以机床坐标系为参考点，一般在一个机床中可以设定 6 个工作坐标系。编程人员以工件图样上的某点为工作坐标系的原点，称为工作原点。而编程时的刀具轨迹坐标点是按工件轮廓在工作坐标系中的坐标来确定的。

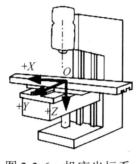
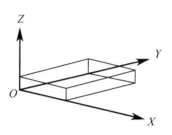

图 2-3-6 机床坐标系   图 2-3-7 工作坐标系

3. 程序结构

为运行机床而送到数控机床的一组指令被称为程序。按照指定的指令，刀具沿着直线或圆弧移动，主轴电机按照指令旋转或停止。在程序中，以刀具实际移动的顺序来指定指令。一组单步的顺序指令被称为程序段。一个程序段从识别程序段的顺序号开始，到程序段结束代码结束。在本书中，用"；"或回车符来表示程序段结束代码（在 ISO 代码中为 LF，而在 EIA 代码中为 CR）。

加工程序是由若干程序段组成的；而程序段是由一个或若干个指令字组成的，指令字代表某一信息单元；每个指令字由地址符和数字组成，它代表机床的一个位置或一个动作；每个程序段结束处应有"EOB"或"CR"来表示该程序段结束转入下一个程序段。地址符由字母组成，每一个字母、数字和符号都被称为字符。程序段格式是指令字在程序段中排列的顺序，不同数控系统有不同的程序段格式。格式不符合规定，数控装置就会报警，不执行程序。

4. FANUC 系统常用的编程指令

1）主轴功能

主轴功能也称为主轴转速功能或 S 功能，它是定义主轴转速的功能。主轴功能由 S 及后面的数字组成，单位为 r/min。如 S1000 表示主轴转速为 1000r/min。编程时除了用 S 功能指定主轴转速，还要用 M 功能指定主轴的转向及停止。

2）指定换刀刀号功能

指定换刀刀号功能也称为 T 功能，是用来选择刀具的功能，它把指定了刀号的刀具转换到换刀位置，为下次换刀做好准备。T 功能指令用 T06（06 表示刀具号）表示，Txx 是为下次换刀使用的，本次所用刀具应在前面程序段中写出。

刀具交换是指刀库上正位于换刀位置的刀具与主轴上的刀具进行自动换刀，这一动作是通过换刀指令 M06 来实现的。例如 T6M06，表示换上 6 号刀。

3）辅助功能

辅助功能也称为 M 功能，是指令机床辅助动作的功能，FANUC 系统的 M 代码如下所示。

M00——程序停止，执行完含有该指令的程序后，主轴的转动、进给停止，切削液关闭，以便进行某一手动操动，如换刀、工件重新装夹、测量工件尺寸等，重新启动机床后，继续执行后面的程序。

M01——计划停止，M01 与 M00 功能基本相似，不同的是只有在按下选择停止键后，M01 才有效，否则机床继续执行后面的程序段。该指令一般用于抽查关键尺寸等情况，检查完后，按"启动"键，继续执行后面的程序。

M02——程序结束。该指令编在最后一个程序段中，它表示执行完程序内所有指令后，主轴转动停止、进给停止、切削液关闭，机床处于复位状态，机床 CRT 显示器显示程序结束。

M30——程序结束。M30 除具有 M02 功能外，还返回到程序的第一条语句，准备下一个工件的加工，机床 CRT 显示器显示程序开始。

M06——主轴刀具与刀库上位于换刀位置的刀具交换。执行时先完成主轴准停的动作，然后才执行换刀动作。

4）进给功能

为切削工件，刀具以指定速度移动称为进给。指定进给速度的功能称为进给功能，也称为 F 功能。数控机床的进给一般分为两类：快速定位进给及切削进给。例如 F1500，表示进给速度为 1500mm/min。

5）平面选择指令

G17、G18、G19 是平面选择指令，可用于选择平面。

G17：选择 XY 平面。

G18：选择 XZ 平面。

G19：选择 YZ 平面。

6）插补功能

（1）快速定位（G00）。

（2）直线插补（G01）。

（3）圆弧插补（G02/G03）。

（4）绝对值和增量值编程（G90 和 G91）。

7）刀具半径补偿

当使用加工中心进行内、外轮廓的铣削时，刀具中心的轨迹应该是这样的：能够使刀具中心在编程轨迹的法线方向上距编程轨迹的距离始终等于刀具的半径，在机床上，这样的功能可以由 G41 或 G42 指令来实现，G41 和 G42 的区别如图 2-3-8 所示。

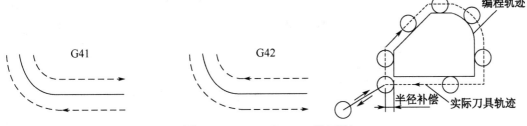

图 2-3-8　G41 和 G42 的区别

指令格式：G40/G41/G42/D1。

G40 用于取消刀具半径补偿模式；G41 用于左向刀具半径补偿；G42 用于右向

刀具半径补偿；D1 为刀具半补偿号。

在这里所说的左和右是指沿刀具运动方向而言的。

2.3.6　加工中心的辅具及辅助设备

加工中心所用的切削工具由两部分组成，即刀具和供自动换刀装置夹持的通用刀柄及拉钉，加工中心切削工具结构如图 2-3-9 所示。

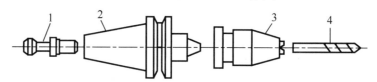

1—拉钉；2—刀柄；3—联接器；4—刀具

图 2-3-9　加工中心切削工具结构

在加工中心上使用的刀柄，一般采用 7：24 锥柄，这是因为这种锥柄不自锁，换刀比较方便，并且与直柄相比有高的定心精度和刚性，柄部型号规格表和柄部型号参数图如表 2-3-1 和图 2-3-10 所示。

表 2-3-1　柄部型号规格表　　　　　　　　　（单位：mm）

柄部型号	D	D_1	d	L	L_1	L_2	L_3	b
BT30	31.75	46	48.4	20	13.6	16.3	2	16.1
BT40	44.45	63	65.4	25	16.6	22.5	1.6	
BT45	57.15	85	82.8	30	21.2	29	3.2	19.3
BT50	69.85	100	101.8	35	23.2	35.3		25.7

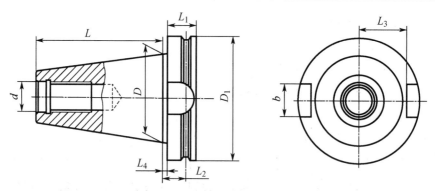

图 2-3-10　柄部型号参数图

在加工中心上加工的部位繁多，使用的刀具种类很多，造成与锥柄相连的装夹刀具的工具多种多样，把通用性较强的装夹工具标准化、系列化就成了工具系统。

2.3.7　加工中心常用工具

1. 对刀器

对刀器的功能是测定刀具与工件的相对位置。对刀器形式多样，如对刀量块〔见图 2-3-11（a）〕，电子式对刀器〔图 2-3-11（b）〕。用对刀量块对刀：设量块厚度为100mm，当刀具接近工件时，将量块放置在刀具与工件之间，若太松或太紧，则会降低倍率，可以摇动手轮，再放置量块，如此反复操作，当感觉量块移动有微弱阻力时，即可认为刀具切削刃所在平面与工件表面的距离为量块厚度值。用电子式对刀器对刀：设电子式对刀器的高度为100mm，先在机床内利用电子式对刀器精确测量每把刀具的轴向尺寸，再确定每把刀具的长度补偿值，输入刀具补正表。

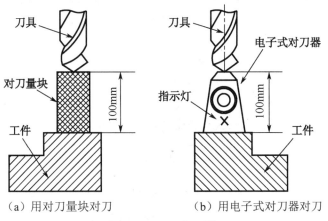

（a）用对刀量块对刀　　　　　（b）用电子式对刀器对刀

图 2-3-11　对刀器

2. 找正器

找正器的作用是确定工件在机床上的位置，即确定工作坐标系，它有机械式及电子式两种。机械式找正器如图 2-3-12（a）所示。电子式找正器需要内置电池，当其找正球接触工件时，发光二极管亮，其重复找正精度在2μm以内，如图 2-3-12（b）所示。

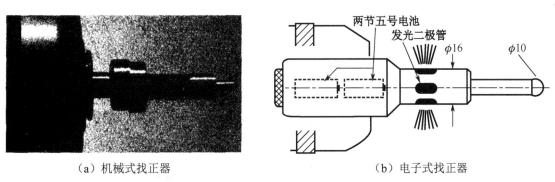

（a）机械式找正器　　　　　　（b）电子式找正器

图 2-3-12　找正器

3. 刀具预调仪

刀具预调仪用于在机床外部对刀具的长度、直径进行测量和调整，还能测出刀具的几何角度，测量时不占用机动工时。

2.3.8　型腔零件的加工工艺

1. 平面磨削加工

平面磨削加工是指对型腔两个宽平面进行磨削加工至厚度尺寸为16.10mm。

注意：保证两个宽平面的平面度和平行度在 ±0.02mm 范围内。

2．四边的铣削加工

四边的铣削加工是指型腔在长度、宽度方向的普通铣削加工。以磨削好的两个大平面为基准，先用牛鼻刀（见图 2-3-13）铣削加工基本尺寸为 100mm 的平面；其次以第一个铣削的边为基准，铣削相邻的一个垂直面；最后以先加工好的两条边为基准，将工件长度、宽度铣削至 100.5mm、60.5mm，并去毛刺。

图 2-3-13　牛鼻刀

注意：保证每个面之间的垂直度在 ±0.05mm 范围内。

3．四边的磨削加工

四边的磨削加工是指型腔在长度、宽度方向的普通磨削加工。以磨削好的两个大平面为基准，先将工件用精密平口钳装夹（见图 2-3-14），加工基本尺寸为 100mm 的平面；其次以精密平口钳的面为基准，将精密平口钳（见图 2-3-15）和装夹在平口钳上的工件一起旋转 90°，磨削好相邻的一个垂直面；最后以先加工好的两条边为基准，将工件长度、宽度磨削至 100mm、60mm，并去毛刺。

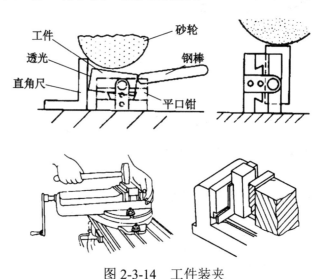

图 2-3-14　工件装夹

图 2-3-15　精密平口钳

注意：保证每个面之间的垂直度和表面光洁度在 ±0.02mm 范围内。

4. 型腔的数铣加工

（1）编制程序。

（2）校正平口钳和工件，如图 2-3-16 所示。

图 2-3-16　校正平口钳和工件

（3）利用找正器找到工件的中心，如图 2-3-17 所示。

图 2-3-17　利用找正器找到工件的中心

注意：选择适当的主轴转速，以免速度过快损坏找正器。

（4）先用中心钻在机床上钻出中心孔以及 4-M8 螺钉孔的中心位置，再分别用 11.8mm 的钻头钻一个通孔和用 6.8mm 的钻头钻 4 个深 12mm 的螺钉底孔，最后用 12mm 的铰刀铰孔。中心钻在机床上钻出中心孔如图 2-3-18 所示。

注意：选择适当的主轴转速，并在钻孔时及时加冷却液。

图 2-3-18　中心钻在机床上钻出中心孔

（5）将工件翻面后进行校正和分中，选择合适的平底铣刀进行型腔的粗、精加工，以及选择合适的球刀进行圆角的粗、精加工，型腔的数控铣加工如图 2-3-19 所示。

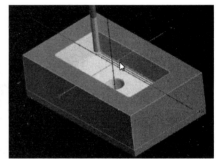

图 2-3-19　型腔的数控铣加工

注意：粗、精加工的刀具和加工参数不同，并保证尺寸和表面光洁度要求。

项目二	板类零件机械加工	任务3	成型零件加工
实践方式	小组成员动手实践，教师巡回指导	计划学时	12

实践内容	填写项目二工作页中的计划单、决策单、材料工具单、实施单、检查单、评价单等。 在数控铣床上加工图 2-3-20 所示的型芯零件。 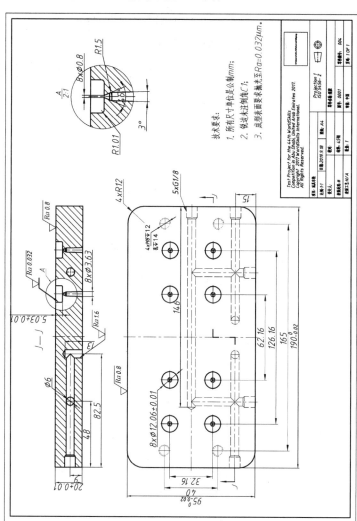 图 2-3-20　型芯零件 1．小组讨论，共同制订计划，完成计划单。 2．小组根据班级各组计划，综合评价方案，完成决策单。 3．小组成员根据需要完成的工作任务，完成材料工具单。 4．小组成员共同研讨，确定动手实践的实施步骤，完成实施单。 5．小组成员根据实施单中的实施步骤，磨削、铣削加工型芯零件。 6．检测小组成员加工的型腔零件，完成检查单。 7．按照专业能力、社会能力、方法能力三方面综合评价每位学生，完成评价单。

班级		姓名		第　　组	日期	

项目二	板类零件机械加工	任务 4	板类零件的磨削加工
任务学时	16		

	布置任务		

工作目标	1. 掌握普通磨床的种类、分类及磨削特点。 2. 掌握磨平面的方法及工艺。 3. 掌握磨外圆的方法及工艺。 4. 掌握磨内圆面和磨内圆锥面的特点。

任务描述	加工图 2-4-1 所示的板类零件。 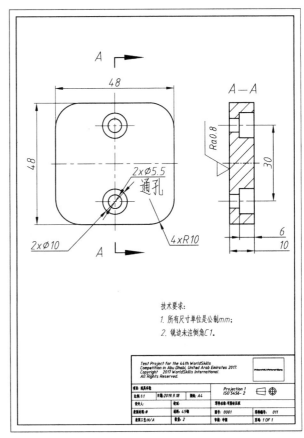 图 2-4-1　板类零件

学时安排	获取信息 8 学时	计划 0.5 学时	决策 0.5 学时	实施 6 学时	检查 0.5 学时	评价 0.5 学时

提供资源	1. 零件图样和工艺规程。 2. 教案、课程标准、多媒体课件、加工视频、参考资料、磨工岗位技术标准等。 3. 磨床有关的工具和量具。

对学生 的要求	1. 学生具备模具零件图的识图能力，掌握模具零件的材料性质。 2. 磨削时必须遵守安全操作规程，做到文明操作。 3. 磨削模板外形尺寸要达到尺寸及表面粗糙度要求。 4. 以小组的形式进行学习、讨论、操作、总结，每位学生必须积极参与小组活动，进行自评和互评；上交一个零件，并对自己的产品进行分析。

项目二	板类零件的机械加工	任务 4	板类零件的磨削加工
获取信息学时	8		
获取信息方式	观察事物、观看视频、查阅书籍、利用互联网及信息单查询问题、咨询教师		
获取信息问题	1．平面磨床的主要组成部分有哪些？ 2．磨料的种类和用途有哪些？ 3．常用结合剂的种类、性能及用途有哪些？ 4．砂轮的硬度和磨料的硬度的区别是什么？ 5．平面磨削的方法有哪几种？ 6．磨削的特点是什么？ 7．常用砂轮的形状及主要用途是什么？ 8．磨平面的工艺是什么？ 9．磨外圆的方法是什么？ 10．磨外圆的工艺是什么？ 11．学生需要单独获取信息的问题……		
获取信息引导	1．问题 1 可参考信息单 2.4.1 节的内容。 2．问题 2 可参考信息单 2.4.1 节的内容。 3．问题 3 可参考信息单 2.4.1 节的内容。 4．问题 4 可参考信息单 2.4.1 节的内容。 5．问题 5 可参考信息单 2.4.2 节的内容。 6．问题 6 可参考信息单 2.4.1 节的内容。 7．问题 7 可参考信息单 2.4.1 节的内容。 8．问题 8 可参考信息单 2.4.2 节的内容。 9．问题 9 可参考信息单 2.4.3 节的内容。 10．问题 10 可参考信息单 2.4.3 节的内容。		

资讯单

任务 4　板类零件的磨削加工

2.4.1　磨削基本技能知识

1．磨削加工的定义

磨削加工是指利用砂轮作为切削工具，对工件的表面进行加工的过程。磨削是零件精密加工的主要方法之一，磨削加工的精度可达到 IT5～IT7，表面粗糙度 Ra 为 0.2～0.8μm，精磨后还可获得更小的表面粗糙度，并可对淬火钢、硬质合金等普通金属刀具难以加工的高硬度材料进行加工。

2．磨削加工的应用范围

磨削加工的用途很多，利用不同类型的磨床可以分别对外圆、内孔、平面、沟槽成型面（齿形、螺纹等）和各种刀具进行磨削加工。此外，磨削加工还可用于毛坯的预加工和清理工作。图 2-4-2 所示为常见的磨削加工。

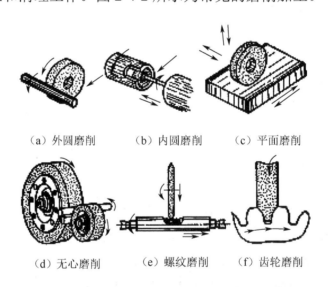

（a）外圆磨削　　　　（b）内圆磨削　　　　（c）平面磨削

（d）无心磨削　　　　（e）螺纹磨削　　　　（f）齿轮磨削

图 2-4-2　常见的磨削加工

3．磨床的分类

磨床的种类很多，主要有平面磨床、外圆磨床、内圆磨床、万能外圆磨床（也可磨内孔）、齿轮磨床、螺纹磨床、导轨磨床、无心磨床（磨外圆）和工具磨床（磨刀具）等。

4．平面磨床的结构

平面磨床包括如下部分。

（1）砂轮架——安装砂轮并带动砂轮做高速旋转，砂轮架可沿滑座的燕尾导轨做手动或液动的横向间隙运动。

（2）滑座——安装砂轮架并带动砂轮架沿立柱导轨做上下运动。

（3）立柱——支承滑座及砂轮架。

（4）工作台——安装工件并由液压系统驱动做往复直线运动。

（5）床身——支承工作台、安装其他部件。

（6）冷却液系统——向磨削区提供冷却液（皂化油）。

（7）液压传动系统（见图 2-4-3）——其组成如下所述。

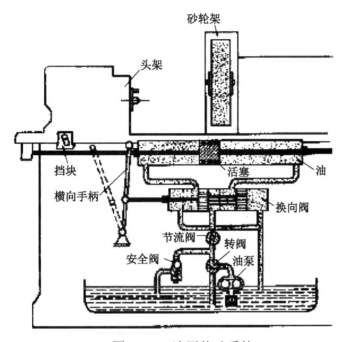

图 2-4-3　液压传动系统

① 动力元件——油泵，供给液压传动系统压力油。

② 执行元件——油缸，带动工作台等部件运动。

③ 控制元件——各种阀，控制压力、速度、方向等。

④ 辅助元件——如油箱、压力表等。

液压传动与机械传动相比具有传动平稳、能过载保护、可以在较大范围内实现无级调速等优点。

5．平面磨削运动

平面磨削运动如图 2-4-4 所示。

（1）主运动——砂轮的高速旋转运动。

（2）进给运动如下所述。

① 纵向进给——工作台带动工件的往复直线运动。

② 垂直进给——砂轮向工件深度方向的移动。

③ 横向进给——砂轮沿其轴线的间隙运动。

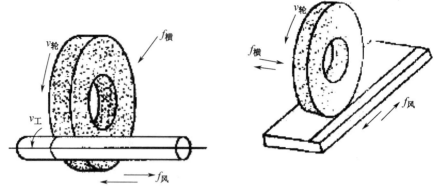

图 2-4-4　平面磨削运动

6. 砂轮的基本知识

砂轮是磨削的切削工具，它是由许多细小而坚硬的磨粒和结合剂黏成的多孔物体。磨粒直接担负着切削工作，必须锋利并具有高的硬度、较好的耐热性和一定的韧性。常用的磨料有氧化铝（又称为刚玉）和碳化硅两种。氧化铝类磨料硬度高、韧性好，适合磨削钢料。碳化硅类磨料硬度更高、更锋利、导热性好，但较脆，适合磨削铸铁和硬质合金。

砂轮中磨粒、结合剂、空隙的体积的比例关系称为砂轮的组织，磨粒所占的体积越大，砂轮的组织越紧密；反之，砂轮的组织越疏松。粗磨时，选用组织较疏松的砂轮；精磨时，选用组织较紧密的砂轮。

同样磨料的砂轮，由于磨粒粗细不同，工件加工后的表面粗糙度和加工效率就不同，磨粒粗大的用于粗磨，磨粒细小的适合精磨，磨料越粗，粒度号越小。

结合剂起黏结磨料的作用。常用的是陶瓷结合剂，其次是树脂结合剂。结合剂的选择，会影响砂轮的耐蚀性、强度、耐热性和韧性等。

磨粒黏结越牢，就越不容易从砂轮上掉下来，这种特性就是砂轮的硬度，砂轮的硬度是指砂轮表面的磨粒在外力作用下脱落的难易程度，与磨粒本身的硬度无关。磨硬金属材料时，选用较软的砂轮；磨软金属材料时，选用较硬的砂轮。磨粒容易脱落的砂轮称为软砂轮，反之称为硬砂轮。砂轮的硬度与磨料的硬度是两个不同的概念。被磨削工件的表面较软，磨粒的刃口（棱角）就不易磨损，这样磨粒使用的时间可以长些，也就是说可选黏结牢固些的砂轮（硬度较高的砂轮）。反之，硬度低的砂轮适合磨削硬度高的工件。

砂轮在高速条件下工作，为了保证安全，在安装前应进行检查，不应有裂纹等缺陷；为了使砂轮工作平稳，使用前应进行动平衡试验。

砂轮工作一定时间后，其表面空隙会被磨屑堵塞，磨料的锐角会被磨钝，原有的几何形状会失真，因此必须修整以恢复其切削能力和正确的几何形状。砂轮需用金刚石笔进行修整。

砂轮是磨削加工的主要切削工具。它是把磨粒（砂粒）用结合剂黏结在一起进行焙烧而形成的疏松多孔体，可根据需要制成各种形状和尺寸，以满足加工要求。砂轮的组成如图 2-4-5 所示。

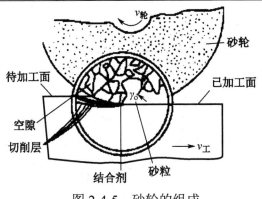

图 2-4-5　砂轮的组成

图 2-4-6 所示为砂轮的形状。在磨削加工中磨粒直接担负切削任务，因此需要磨粒具有一定的刚度和强度。常用的磨粒有两类：刚玉类（Al_2O_3）和碳化硅类。刚玉类韧性好，适用于磨削钢料及一般刀具；碳化硅类硬度高但性脆，适用于磨削铸铁、青铜等脆性材料及硬质合金。

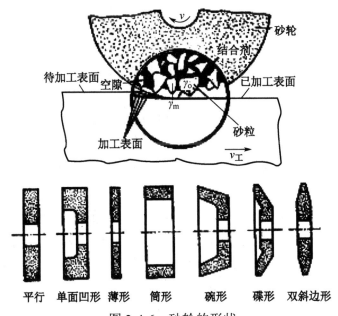

平行　单面凹形　薄形　筒形　碗形　碟形　双斜边形

图 2-4-6　砂轮的形状

磨粒的大小用粒度表示，粒度越大，磨粒越粗。粗磨粒用于粗加工，细磨粒则用于精加工。

7．磨削的特点

磨削是在磨床上用砂轮作为切削刀具对工件进行切削加工的方法。该方法的特点如下所述。

（1）由于砂轮磨粒本身具有很高的硬度和较好的耐热性，因此磨削能加工硬度很高的材料，如淬硬的钢、硬质合金等。

（2）砂轮和磨床特性决定了磨削工艺系统能进行均匀的微量切削，一般 a_p 为 0.001～0.005mm；磨削速度很高，一般可达 v 为 30～50m/s；磨床刚度好；采用液压传动，因此磨削能经济地获得高的加工精度（IT5、IT6）和小的表面粗糙度（Ra 为 0.2～0.8μm）。磨削是零件精加工的主要方法之一。

（3）剧烈的摩擦，使得磨削区温度很高。这会使工件产生应力和变形，甚至造成工件表面烧伤。因此磨削时必须注入大量冷却液，以降低磨削温度。冷却液还可起排屑和润滑作用。

（4）磨削时的径向力很大。这会造成机床—砂轮—工件系统的弹性退让，使实际切深小于名义切深。因此磨削将要完成时，应不进刀进行光磨，以消除误差。

（5）磨粒磨钝后，磨削力也随之增大，致使磨粒破碎或脱落，重新露出锋利的刃口，此特性称为"自锐性"。自锐性使磨削在一定时间内能正常进行，但超过一定工作时间后，应进行人工修整，以免磨削力增大引起振动、噪声，以及损伤工件表面。

2.4.2 磨平面的方法及工艺

1. 磨平面的方法

工件平面的磨削一般在平面磨床上进行。平面磨床的工作台内部装有电磁线圈，通电后对工作台上的导磁体产生吸附作用。所以，导磁体（如钢、铸铁等）工件，可直接安装在工作台上；非导磁体（如铜、铝等）工件，则要用精密平口钳进行装夹。

根据磨削时砂轮的工作表面不同，平面磨削的方法分为两种，即周磨法和端磨法。周磨法是用砂轮的圆周面进行磨削，砂轮与工件的接触面积小，排屑和散热条件好，能获得较好的加工质量，但磨削效率较低。常用于小加工面和易翘曲变形的薄片工件的磨削。

端磨法是用砂轮的端面进行磨削，砂轮与工件的接触面积大，砂轮轴刚性较好，能采用较大的磨削用量，因此磨削效率高，但发热量大，不易排屑和冷却，加工质量较周磨法低，多用于磨削面积较大且要求不太高的磨削加工。

2. 工件装夹

平面磨削时，对于铁磁性工件多利用电磁吸盘将工件吸住，这样装夹比较方便。当磨削尺寸较小的工件时，由于工件与工作台接触面积小，吸力弱，容易被磨削力弹出造成事故，所以当装夹这类工件时，需在工件四周或左右两端用挡铁靠住，以防工件移动。对于非铁磁性工件如铜、铝及其合金等，用其他的夹具（如平口钳）装夹好后，装在工作台或电磁吸盘上进行磨削加工。平面磨削如图 2-4-7 所示。

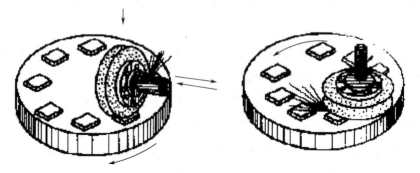

图 2-4-7　平面磨削

3. 磨削工艺

磨削平面，一般以一个平面为定位基准磨削另一个平面，如果两个平面都要求磨削，可互为基准反复磨削。采用横向磨削法时，对于尺寸精度和平行度要求较高的工件，应划分为粗磨、半精磨、精磨，分配好磨削余量，并选择合适的磨削用量。

4. 平面磨削操作

首先把台面与工件擦干净，测量工件厚度，放上工件，开启电磁吸盘吸住工件，推一下工件，以检查工件是否被吸住。开启液压系统，初步调整工作台行程大小与位置，工作台行程长度由工作台两侧的挡块控制，工作台的运动速度由节流阀来调节。然后对刀，对刀前砂轮底部应该高于工件表面，逐渐进刀，当擦着且有火花产生时，打开冷却液，此时垂直进给手轮刻度即零位。最后调整好工作台与砂轮架的行程大小与位置。调整时运动速度应低些，以免撞缸。

调整完后即可磨削，根据需要调整进给速度。磨削过程中可停机，用量具检查工件尺寸。磨削将近结束时，垂直进给量要小，甚至不进给进行光磨，以保证磨削精度。磨完后退磁取下工件。

操作时，人应站在机床右边，预防工件、砂轮碎片等飞出伤人。关机时，工作台应停在中心位置，砂轮架在工作台的后部，并将它们擦拭干净。

M1432A 型万能外圆磨床的主要组成部分如图 2-4-8 所示。

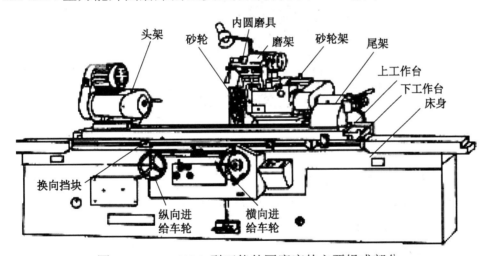

图 2-4-8　M1432A 型万能外圆磨床的主要组成部分

（1）床身用来安装各部件。上部装有工作台和砂轮架，床身上的纵向导轨供工作台移动用，横向导轨供砂轮架移动用，床身内部安装有液压传动系统。

（2）砂轮架用来安装砂轮，由单独的电动机通过皮带传动带动砂轮高速旋转。砂轮架可在床身后部的导轨上做横向移动，移动方式有间歇进给、手动进给、快速趋近工件和退出。砂轮架可绕垂直轴旋转一定角度。

（3）头架上有主轴，主轴端部可以安装顶尖、拨盘或卡盘，以便装夹工件。主轴由主轴电动机通过皮带传动机构带动，工件通过变速机构可获得不同的转动速度。头架可在水平面内偏转一定的角度。

（4）尾架的套筒内有顶尖，用来支承工件的另一端。尾架可在纵向导轨上移动位置，以适应工件的不同长度。扳动尾架上的杠杆，顶尖套筒可伸缩，方便装卸工件。

（5）工作台由液压驱动沿着床身的纵向导轨做直线往复运动，使工件实现纵向进给。工作台可进行手动或自动进给。在工作台前侧面的 T 形槽内，装有两个换向挡块，用以操纵工作台自动换向。工作台有上、下两层，上层可在水平面内偏转一个不大的角度（±8°），以便磨削圆锥面。

（6）内圆磨具是磨削内圆表面用的，在它的主轴上可安装内圆磨削砂轮，由另一个电动机带动。内圆磨具绕支架旋转，使用时翻下，不用时翻向砂轮架上方。

5. 液压传动原理

磨床采用液压传动是因其工作平稳，无冲击振动。图 2-4-9 所示为磨床液压传动原理的示意图。在整个系统中，有油泵、油缸、转阀、安全阀、节流阀、换向阀、换向手柄等组成元件。工作台的往复运动按下述循环进行。

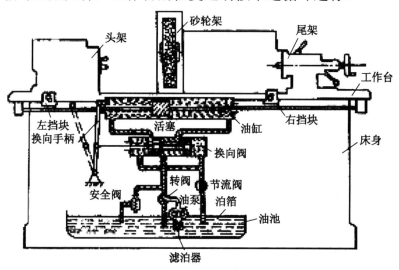

图 2-4-9　磨床液压传动原理的示意图

工作台向左移动时的循环。

高压油：油泵——转阀——安全阀——节流阀——换向阀——油缸右腔。

低压油：油泵——换向阀——油缸左腔。

工作台向右移动时的循环。

高压油：油泵——转阀——安全阀——节流阀——换向阀——油缸左腔。

低压油：油缸右腔——换向阀——油池。

操纵手柄由工作台侧面的左、右挡块推动工作台。工作台的行程长度由改变挡块的位置来调整。当转阀转过 90° 时，油泵中的高压油全部流回油池，工作台停止移动。安全阀的作用是使系统中维持一定的压力，并把多余的高压油排入油池。

2.4.3　磨外圆的方法及工艺

工件外圆表面的磨削一般在普通外圆磨床或万能外圆磨床上进行。

1．磨外圆时工件的安装

磨外圆时工件的安装与车削外圆时类似，最常用的方法是用两顶尖支承工件，或一端用卡盘夹持，另一端用顶尖支承。为减小安装的误差，在磨床上使用的顶尖都是死顶尖。内外孔同心度要求较高的工件，常安装在芯轴上进行磨削加工。

磨削加工属于精加工，对工件的安装精度要求较高。因此常常在加工前对工件中心孔进行修研，其方法是在车床或钻床上用四棱硬质合金顶尖进行挤研。当中心孔较大且修研精度要求较高时，必须选用油石顶尖或铸铁顶尖作为前顶尖，一般顶尖作为后顶尖，分别对工件的中心孔进行修研。进行修研时，头架带动前顶尖低速转动，手握工件使之不旋转。中心孔修研方法如图 2-4-10 所示。

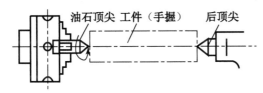

油石顶尖　工件（手握）　后顶尖

图 2-4-10　中心孔修研方法

2．磨削方法

外圆磨削的常用方法有纵磨法和横磨法两种。

（1）纵磨法（见图 2-4-11）用于磨削长度与直径之比较大的工件。磨削时，砂轮高速旋转，工件低速旋转并随工作台做轴向移动；在工作台改变移动方向时，砂轮做径向进给。纵磨法的特点是可磨削长度不同的各种工件，加工质量好，常常用于单件、小批量的生产和精磨加工。

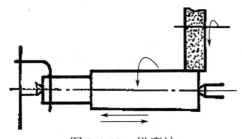

图 2-4-11　纵磨法

（2）横磨法（见图 2-4-12）又称为径向磨削法，用于工件刚性较好、磨削表面长度较短的情况。磨削时，选用宽度大于待加工表面长度的砂轮，工件不进行轴向的移动，砂轮以较慢的速度做连续径向进给或断续的径向进给。横磨法的特

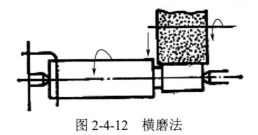

图 2-4-12　横磨法

点是充分发挥了砂轮的磨削能力,生产效率高,特别适用于较短磨削面和阶梯轴的磨削;缺点是砂轮与工件的接触面积大,工件易发生变形和表面烧伤。

另外,为了提高生产效率和质量,可采取分段横磨和纵磨结合的方法进行加工,此法称为综合磨削法。使用时,横磨各段之间应有 5～15mm 的间隔并保留 0.01～0.03mm 的加工余量。

3.砂轮的安装与修整

砂轮的安装如图 2-4-13 所示。砂轮工作转速较高,在安装砂轮前应对砂轮进行外观检查和平衡试验,确保砂轮在工作时不因有裂纹而分裂或工作不平稳。

砂轮经过一段时间的工作后,砂轮表面的磨粒会逐渐变钝,表面的孔隙被堵塞,切削能力降低;同时砂轮的正确几何形状也被破坏。这时就必须对砂轮进行修整。修整的方法是用金刚石将砂轮表面变钝了的磨粒切去,以恢复砂轮的切削能力和正确的几何形状。砂轮的修整如图 2-4-14 所示。

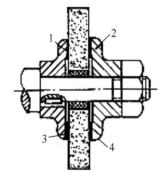

1—环形槽;2—法兰盘;3—平衡块;4—垫圈

图 2-4-13　砂轮的安装

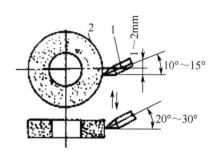

1—金刚笔;2—砂轮

图 2-4-14　砂轮的修整

2.4.4　磨内圆面和磨内圆锥面的特点

内圆面和内圆锥面可在内圆磨床或万能外圆磨床上用内圆磨头进行磨削。

进行内磨时,一般采用卡盘夹持外圆。工作时,砂轮处于工件的内部,转动方向与外磨时相反。受空间的限制,砂轮直径较小,砂轮轴细而长,因此内磨具有以下特点。

(1)砂轮与工件的相对切削速度较低。

(2)砂轮轴刚性差,易变形和振动,故切削用量要低于外磨。

(3)磨削热大且散热和排屑困难,工件易受热变形,砂轮易被堵塞。

因此,内磨比外磨生产效率低,加工质量也不如外磨高。

项目二	板类零件机械加工	任务 4	板类零件的磨削加工
实践方式	小组成员动手实践，教师巡回指导	计划学时	4

实践内容

填写项目二工作页中的计划单、决策单、材料工具单、实施单、检查单、评价单等。

学生任务：完成图 2-4-15 所示的磨削加工。

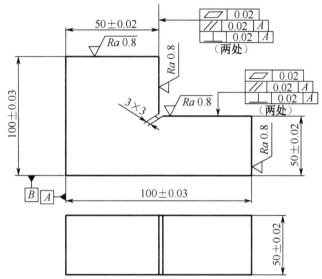

技术要求：
1. 3mm×3mm槽在工具磨床上加工。
2. 各磨削面不能有拉伤、烧伤、划痕。
3. 锐边倒棱。

图 2-4-15　磨削加工

1. 小组讨论，共同制订计划，完成计划单。

2. 小组根据班级各组计划，综合评价方案，完成决策单。

3. 小组成员根据需要完成的工作任务，完成材料工具单。

4. 小组成员共同研讨，确定动手实践的实施步骤，完成实施单。

5. 小组成员根据实施单中的实施步骤，完成磨削加工。

6. 检测小组成员加工的浇口套零件，完成检查单。

7. 按照专业能力、社会能力、方法能力三方面综合评价每位学生，完成评价单。

班级		姓名		第　　组	日期	

块类零件机械加工

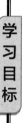

1. 能掌握滑块类零件的设计方法。
2. 能掌握滑块类零件加工的方法。
3. 能掌握滑块类零件的应用特点。
4. 能掌握滑块类零件的顺序定距拉紧机构。
5. 能掌握滑块成型零件的磨削工艺。

■ 任务1 滑块设计、机加工、磨削

通过产品结构选择合理的滑块结构，然后设计出滑块。

通过铣削加工的刀具选择、铣床的使用和铣削用量的选择等，实现滑块类零件的加工。

通过滑块的形状合理地将工件安装在磨床上磨削。

模具在注塑生产时，注塑机往复的开合只有一个运动方向（含卧式、立式、角式注塑机），因此，一些制品垂直于模具结构的运动方向，就是按注塑机开模方向分离的，产品可直接从模具内取出。

但很多塑料制品因为外观形状结构复杂，其外侧壁或内侧壁都带有不规则的几何凹凸形状、螺纹、多侧通孔、花纹和图案文字等，使用一般的模具结构是无法直接从型腔中分离脱出塑料制品的。

模具需要根据制品外观形状采用侧向分型与侧抽芯的方式进行设计。侧向分型与侧抽芯的基本原理是在模具的垂直运动开启（开模）时，将分型结构转向一个或多个侧方向运动中与制品分离，使制品在垂直运动方向从型腔中安全脱模；同时，在制品脱模后又能在合模时安全复位。这个过程中采用的机构称为侧向分型与侧抽芯机构。

项目三	块类零件机械加工	任务 1	滑块设计、机加工、磨削
任务学时		22	

	布置任务
工作目标	1. 掌握滑块抽芯结构的设计要点。 2. 掌握滑块的加工工艺。 3. 掌握斜滑块和紧锁块的配合加工工艺。 4. 掌握磨削斜面及模具零件的方法。 5. 掌握斜导柱的计算方法。 6. 掌握滑块成型零件的磨削工艺。
任务描述	在数控机床上加工图 3-1-1 所示的滑块零件。 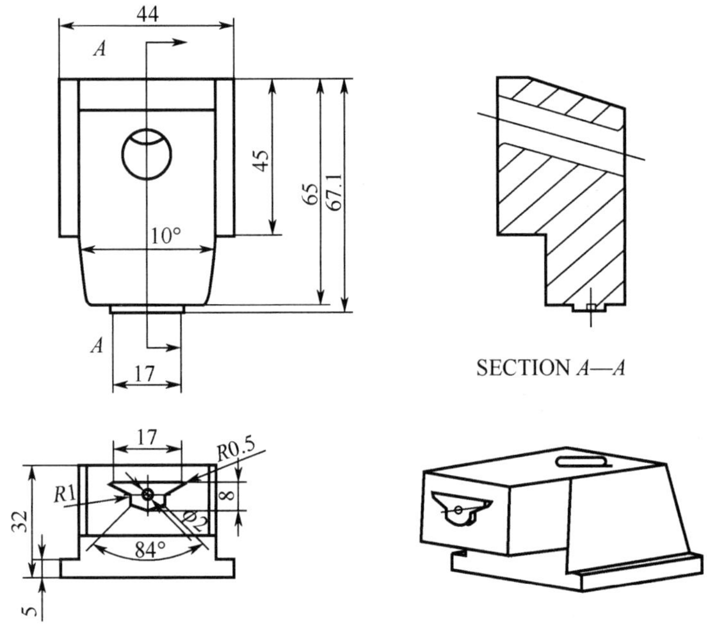 技术要求： 1. 淬火硬度为 58~62HRC。 2. 未注公差按 GB/T 1804—2000 标准中提到的 f。 图 3-1-1　滑块零件

学时安排	获取信息 8 学时	计划 0.5 学时	决策 0.5 学时	实施 12 学时	检查 0.5 学时	评价 0.5 学时

提供资源	1. 零件图样和工艺规程。 2. 教案、课程标准、多媒体课件、加工视频、参考资料、铣/磨工岗位技术标准等。 3. 铣床与磨床有关的工具和量具。
对学生 的要求	1. 学生具备模具零件图的识图能力，掌握模具零件的材料性质。 2. 铣削和磨削时必须遵守安全操作规程，做到文明操作。 3. 加工的零件尺寸要符合技术要求。 4. 以小组的形式进行学习、讨论、操作、总结，每位学生必须积极参与小组活动，进行自评和互评；上交一个零件，并对自己的产品进行分析。

项目三	块类零件机械加工	任务1	滑块设计、机加工、磨削
获取信息学时	8		
获取信息方式	观察事物、观看视频、查阅书籍、利用互联网及信息单查询问题、咨询教师		
获取信息问题	1．滑块的种类有哪些？ 2．滑块侧抽芯机构一般由哪几部分组成？ 3．设计各类滑块时应注意哪些因素？ 4．不同形状镶拼件固定在滑块上的结构有哪些？ 5．滑块成型零件磨削时，工件是如何装夹的？ 6．斜导柱长度的计算方法是什么？ 7．斜导柱与滑块斜导柱孔配合时应注意哪些方面？ 8．弹簧在行位中的使用要求有哪些？ 9．滑块成型零件磨削工艺有哪些？ 10．学生需要单独获取信息的问题……		
获取信息引导	1．问题1可参考信息单3.1.1节的内容。 2．问题2可参考信息单3.1.1节的内容。 3．问题3可参考信息单3.1.1节的内容。 4．问题4可参考信息单3.1.1节的内容。 5．问题5可参考信息单3.1.1节的内容。 6．问题6可参考信息单3.1.1节的内容。 7．问题7可参考信息单3.1.1节的内容。 8．问题8可参考信息单3.1.1节的内容。 9．问题9可参考信息单3.1.2节的内容。		

任务1　滑块设计、机加工、磨削 •••••

3.1.1　侧向分型和侧抽芯机构的分类及特点

制品有复杂的结构形式，其侧向凹凸也千变万化，有外部侧面凹凸结构，也有内部侧面凹凸结构，导致在模具设计时的侧向分型结构类型也复杂多变，分类方法也不同。

1. 滑块侧向分型面

滑块侧向分型面是指按照制品垂直外观上的圆形、方形或通孔的凹凸形状，可直接在滑块的一侧分型面用镶件成型。滑块侧向分型面也可指在两块以上的滑块分型面上加工型腔成型；也可按制品的复杂情况，采用镶块（件）组合型腔固定在滑块上成型。图 3-1-2 所示为各种滑块侧向抽芯结构分型。

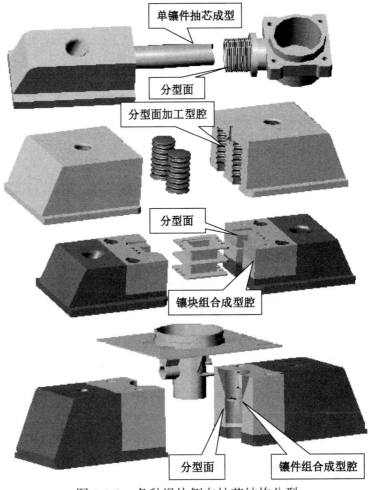

图 3-1-2　各种滑块侧向抽芯结构分型

2．滑块侧向分型结构与抽芯结构

滑块侧向分型结构与抽芯结构是指能够将模具垂直分型运动与侧向分型运动或内（外）侧抽芯运动变为同步运动的机构，主要由外侧滑块、内侧滑块、哈夫斜滑块、斜推杆、斜 T 形滑块、液压油缸等机件组成。

抽芯机构根据模具侧向分型机构所处的不同位置，可分为动模外侧抽芯机构、动模内侧抽芯机构、定模外侧抽芯机构、定模内侧抽芯机构、动模斜抽芯机构、定模斜抽芯机构。

其中动模外侧抽芯机构的结构相对简单，为常用的侧向抽芯机构。

而定模内侧抽芯机构的滑块在定模内滑动，其结构较为复杂，制品在特殊结构情况下才采用。

在制品成型后，需要用动力将滑块往侧向移动与制品分离，而这种动力来源于不同的结构，如斜导柱抽芯结构或液压油缸抽芯结构。前者采用斜导柱动力拨动滑块，后者采用液压油缸动力拉动滑块。

斜导柱安装在定模板内，斜导柱与滑块形成倾斜角度，开模时，斜导柱以开模时的机动力为动力，利用夹角斜度将动模上的滑块侧向拨动，从制品中抽离。这种机动力抽芯具有脱模力大、操作方便、生产效率高和劳动强度小的优点，在设计中被广泛采用。图 3-1-3 所示为两种斜导柱侧向抽芯结构。

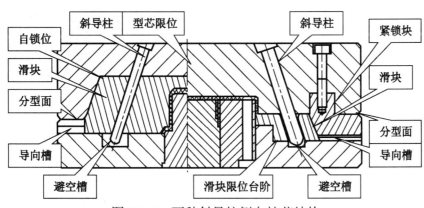

图 3-1-3　两种斜导柱侧向抽芯结构

而液压油缸抽芯是指将液压油缸安装在模具的外侧，开模前，通过液压油缸拉动滑块从制品中抽离。这种液压油缸抽芯多用于形状较大的滑块或抽芯件较长的滑块。

3．动模外侧滑块侧向抽芯机构的组成部分

滑块侧向抽芯机构一般由以下几部分组成。

（1）成型部分：整体滑块、组合镶块（件）滑块、单镶件抽芯滑块。

（2）导滑部分：T 形导滑槽、导向压板等。

（3）动力部分：斜导柱、液压油缸、弹簧。

（4）紧锁部分：紧锁块或定模自锁位置。

（5）定位部分：弹珠基米螺钉（含弹簧、钢珠、基米螺钉）、内六角螺钉、挡块。

对于滑块形状的设计，首先要确定制品的整个外观结构（见图 3-1-2 所示的

整体滑块和组合镶块结构滑块的外观结构）。因制品的外观决定了滑块的形状尺寸，而滑块的形状尺寸又与紧锁块斜面和斜导柱孔的结构等有关，所以设计滑块前需先确定制品的整个外观结构。图 3-1-4 所示为常见整体成型的 T 形结构滑块平面投影图。表 3-1-1 所示为各种不同形状镶拼件固定在滑块上的结构。

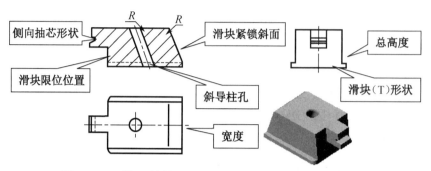

图 3-1-4　常见整体成型的 T 形结构滑块平面投影图

表 3-1-1　各种不同形状镶拼件固定在滑块上的结构

简　图	说　明	立体效果图
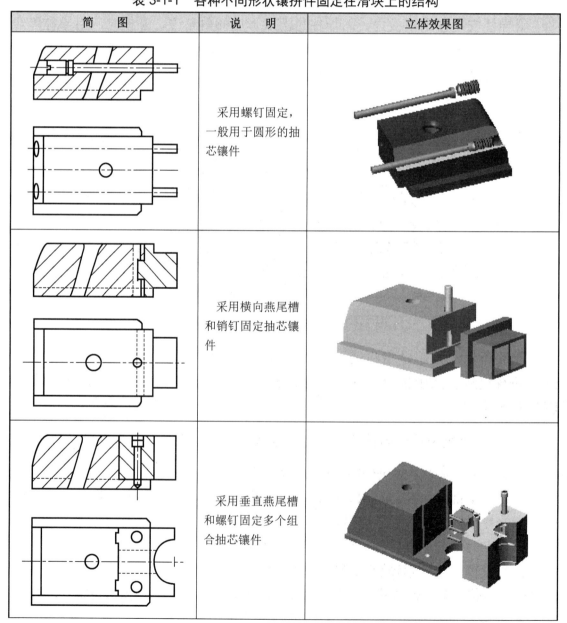	采用螺钉固定，一般用于圆形的抽芯镶件	
	采用横向燕尾槽和销钉固定抽芯镶件	
	采用垂直燕尾槽和螺钉固定多个组合抽芯镶件	

续表

简　　图	说　　明	立体效果图
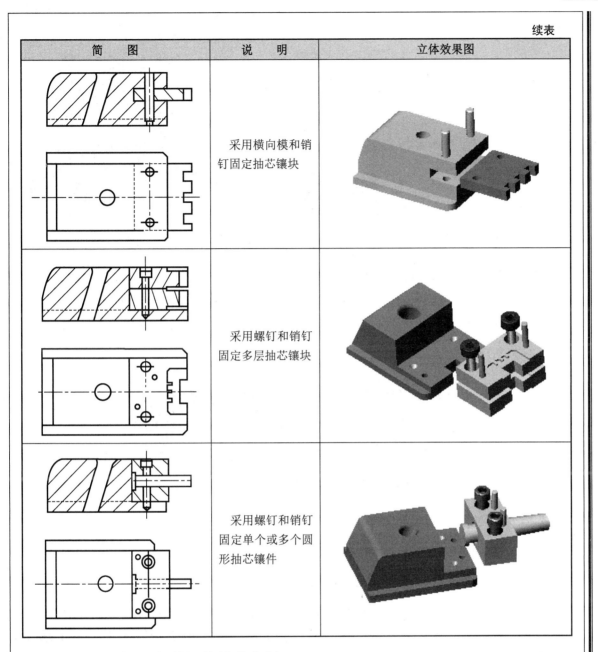	采用横向模和销钉固定抽芯镶块	
	采用螺钉和销钉固定多层抽芯镶块	
	采用螺钉和销钉固定单个或多个圆形抽芯镶件	

4. 几种不同形状的滑块抽芯实例

如图 3-1-5 所示，制品螺纹孔内采用滑块单侧抽芯成型，滑块导滑槽设在动模内，抽芯镶件设置在定模与动模的分型面之间，因此滑块处于定模与动模之间。紧锁位置可直接在定模内加工完成。

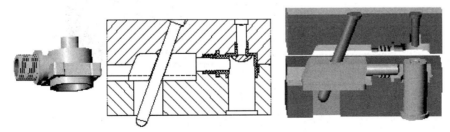

图 3-1-5　滑块在单侧抽芯成型

如图 3-1-6 所示，制品在滑块两个侧面分型面上的型腔中成型，滑块导滑槽设在动模的中板上，滑块也处于定模与动模之间，且滑块大部分藏于定模内。因此，紧锁位置也直接在定模内加工完成。

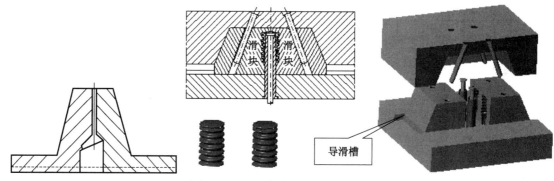

图 3-1-6　滑块在两侧抽芯成型

如图 3-1-7 所示，制品的耳扣在动模的分型面下方成型，滑块导滑槽设在动模内，由于整个滑块抽芯机构处于动模的分型面下方（滑块顶部与动模分型面平齐），所以紧锁压块在定模内安装固定。

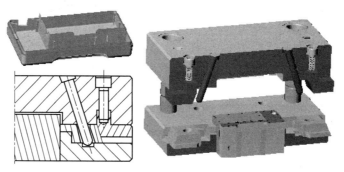

图 3-1-7　滑块在分型面下方抽芯成型

5. 导滑部分：T 形导滑槽、导向压板

在模具生产中，为保证滑块在滑动中平稳、顺畅，不发生跳动和卡滞现象，将滑块设计成 T 形与模板上的 T 形导滑槽配合滑动，如图 3-1-4 所示的 T 形滑块。

（1）在模板上整体加工 T 形导滑槽。直接在模板上用 T 形铣刀加工出 T 形导滑槽，这种 T 形导滑槽使用比较广泛，均适合于中小型尺寸的滑块。整体加工 T 形导滑槽如图 3-1-8 所示。

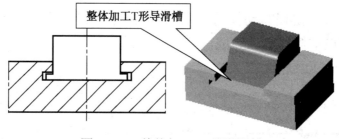

图 3-1-8　整体加工 T 形导滑槽

（2）采用压板固定在模板上做 T 形导滑槽，如图 3-1-9 所示。在模板上加工出两级台阶，用压板压住滑块两侧，这种压板的形式要视当前制品的模具结构而定。同时，压板的长度、宽度、厚度应视滑块的大小和位置而定，固定方式为用销钉定位、螺钉紧固。

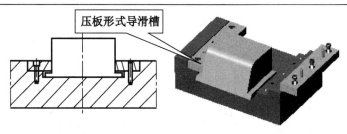

图 3-1-9　采用压板固定在模板上做 T 形导滑槽

（3）采用"7"字形压板形式（见图 3-1-10）固定在模板上做 T 形导滑槽，这种形式适合于中型、大型的滑块，对于大型滑块模具来讲，这种形式更容易加工，制作简单，强度较好。可根据"7"字形压板和滑块的尺寸，直接在模板上加工凹位后，安装"7"字形压板和滑块。固定方式为用销钉定位、螺钉紧固。

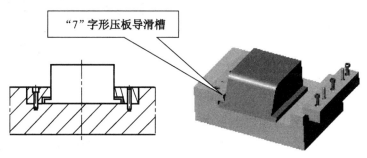

图 3-1-10　"7"字形压板形式

（4）采用压板和中间导轨作为导滑槽，这种形式一般适用于滑块较长、模板宽度不足的情况，以补偿导滑槽的行程。销钉定位和螺钉紧固应在导轨面下方实施，以方便安装和维修。这种工艺一般较少使用。采用压板和中间导轨作为导滑槽如图 3-1-11 所示。

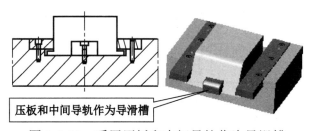

图 3-1-11　采用压板和中间导轨作为导滑槽

（5）在模架外侧加装导轨作为导滑槽，如图 3-1-12 所示，一般适用于滑块侧抽芯较长、模板宽度不足的情况，以补偿导滑槽的行程。固定方式为用销钉定位、螺钉紧固。

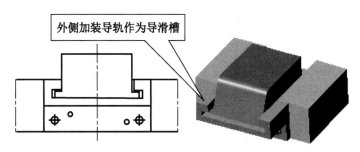

图 3-1-12　在模架外侧加装导轨作为导滑槽

（6）采用镶嵌式的两种 T 形导滑槽，如图 3-1-13 所示，该工艺一般较少使用。

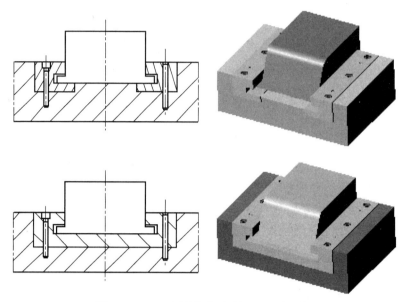

图 3-1-13　两种镶嵌式的 T 形导滑槽

（7）滑块与导滑槽的配合尺寸。滑块与导滑槽的滑动配合精度如图 3-1-14 所示。滑块和模板的 T 形单边配合间隙应控制在 0.015～0.02mm。T 形配合的位置要光滑平直，滑块在导滑槽中用手轻推时应顺滑，无卡滞、跳动、左右摆现象。同时为避免 T 形角位置产生摩擦，可在模板上的 T 形角处倒圆角或斜角。另外，在滑块的 T 形角处加工凹位，相当于在外侧加装导滑槽，作为避空位置，如图 3-1-14（b）所示。

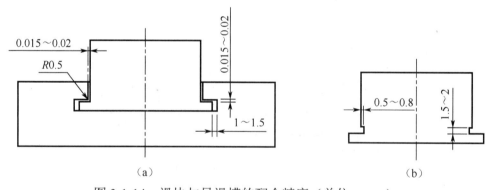

图 3-1-14　滑块与导滑槽的配合精度（单位：mm）

（8）T 形导滑槽在模板上的参考尺寸。

T 形导滑槽的尺寸应视滑块的宽度而定，当滑块的宽度为 30～100mm 时，导滑槽的高度应为 5～6mm，T 形导滑槽的深度应为 15～20mm，如图 3-1-15（a）所示。当滑块的宽度为 120～250mm 时，导滑槽的高度应为 8～15mm，T 形导滑槽的深度应为 20～35mm，如图 3-1-15（b）所示。

加工导滑槽的高度尺寸比滑块的 T 形高度尺寸大 0.015～0.02mm。

在设计 T 形导滑槽时，要考虑在加工导滑槽后，模板能否达到强度的要求，这是一个关键问题。如果滑块的宽度尺寸较小，使用的模板过厚，会造成浪费，增加成本。如果滑块的宽度尺寸较大，使用的模板过薄，加工导滑槽后，模板会产生应力变形，会导致前后模板无法合模。加工 T 形导滑槽后的变形示意图如图 3-1-16 所示。所以，要解决模板变形问题可参考经验数值：模板厚度的比例是 T 形导滑槽深度的 3～5 倍。

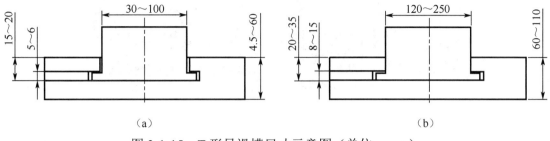

图 3-1-15　T 形导滑槽尺寸示意图（单位：mm）

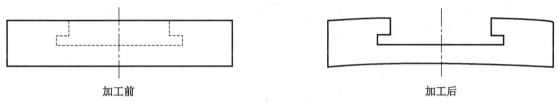

图 3-1-16　加工 T 形导滑槽后的变形示意图

例如，滑块宽度在 40mm 以下，T 形导滑槽深 15mm，模板厚度为 45～60mm。所以，滑块越宽、T 形导滑槽越深，模板对应加厚。

6．动力部分：斜导柱、液压油缸、弹簧

当模具与滑块同步开模时，滑块依靠模具内部斜导柱的拨动作用侧向滑动与制品分离。或者在模具开模前，滑块依靠液压油缸的动力侧向滑动与制品分离。

1）斜导柱

图 3-1-17 所示为斜导柱在定模板内的模拟工作程序。合模时，斜导柱与滑块形成一个倾斜角度，如图 3-1-17（a）所示。在塑胶注射时，紧锁块紧压滑块（注意：斜导柱只能起到前后拨动滑块的作用，不能起紧锁作用），如图 3-1-17（b）所示。开模时，紧锁块先离开滑块斜面，斜导柱以开模时的机动力为动力，利用倾斜角度将动模上的滑块侧向抽芯拨动，使其从制品中抽离，如图 3-1-17（c）所示。滑块从制品中抽离后，推板将制品推出型芯，如图 3-1-17（d）所示。这种机动力抽芯形式具有脱模力大、操作方便、生产效率高和劳动强度小的优点，在设计中被广泛采用。

（1）斜导柱角度与滑块紧锁斜面（角度）。斜导柱的倾斜角度与开模力、斜导柱的长度与抽芯距离都有着重要的关系。

当斜导柱的角度过大时，所需的开模力相对增大，因为斜导柱不是拨动滑块滑动的，而是撬着滑块滑动的，所以斜导柱所承受的弯曲力要增大，这样其就容易被折断或折弯。同时，如果角度增大，模板的宽度要相应加宽。

当斜导柱的角度过小时，所需的开模力相对减小，斜导柱比较轻松地拨动着滑块滑动，但由于角度过小，所以斜导柱的长度需加大。同时，斜导柱尾端的避空位置要加深。若斜导柱过长（如超出了垫板），则可能会影响推杆板（顶针板）的行程。避空位置如图 3-1-18 所示。

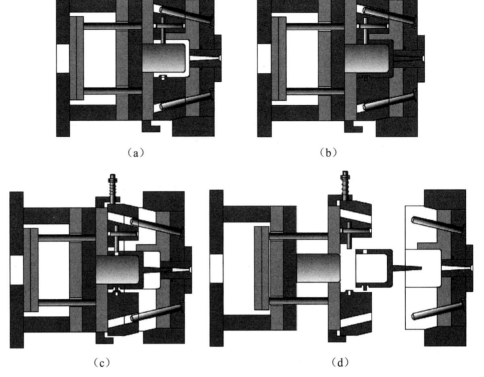

（a）　　　　　　　　　　　　（b）

（c）　　　　　　　　　　　　（d）

图 3-1-17　斜导柱在定模板内的模拟工作程序

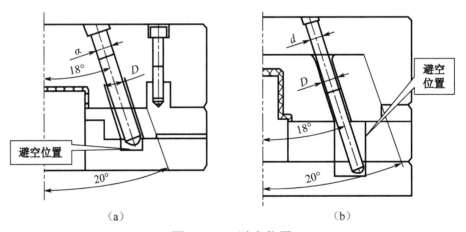

（a）　　　　　　　　　　　　（b）

图 3-1-18　避空位置

① 斜导柱的角度一般在 16°～30° 选取，最常使用的角度是 18°～22°。即使在特殊情况下需增大角度，也不能超过 35°。

② 滑块紧锁斜面的角度不能与斜导柱的角度相同，如果角度相同，开模时，紧锁块紧贴滑块对斜导柱产生干涉，斜导柱会无法顺利拨动滑块。所以滑块紧锁斜面的角度应大于斜导柱的角度 2°～3°。例如，设斜导柱的角度为 18°，滑块紧锁斜面的角度应为 20°。

滑块紧锁斜面的角度大于斜导柱的角度 2°～3°，其工作原理：第一，在开模时紧锁块首先离开滑块斜面，斜导柱再拨动滑块后移，以保证相互间不会产生干涉。第二，合模时斜导柱先插入滑块的斜孔内拨动滑块前移到位，紧锁块再将滑块压紧，以保证注塑时滑块不会后退。所以，斜导柱只起到拨动滑块的作用，不能起紧锁作用。

（2）斜导柱与滑块斜导柱孔配合。图 3-1-18 所示的滑块的斜导柱孔径（D）与斜导柱直径（d），滑块的斜导柱孔径（D）与斜导柱直径（d）不能进行零对零尺寸配合，因为零对零尺寸配合没有间隙，开模时斜导柱根本无法拨动滑块。所以，滑块的斜导柱孔径（D）应比斜导柱直径（d）大 1mm。

举例：设斜导柱直径（d）为 12mm，滑块的斜导柱孔径（D）应为 13mm，以保证开模时斜导柱能够拨动滑块。

注意：斜导柱尾端要倒锥角为圆头形或半圆球形。滑块斜导柱孔的边缘应倒圆角，半径（R）为 1.5~2mm，滑块倒圆角用于合模时使斜导柱的锥角圆头形或半圆球形容易导入，避免斜导柱与滑块产生干涉碰撞而损坏模具，如图 3-1-18 所示的斜导柱孔圆角。

（3）斜导柱的长度计算。斜导柱总长度要分为 L_1、L_2、L_3 三段进行计算，L_1 为固定斜导柱的长度尺寸、L_2 为斜导柱拨动滑块的长度尺寸、L_3 为保险系数长度尺寸。所以要想求出斜导柱的长度应首先从滑块平面的 L_2 开始计算，如图 3-1-19（a）和图 3-1-19（b）所示的推杆板行程示意图中的 L_2 与 L_1 的交界点。

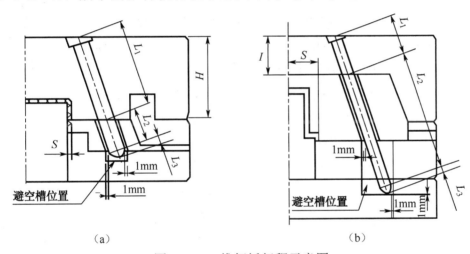

| (a) | (b) |

图 3-1-19　推杆板行程示意图

① 求 L_2 的值，首先要确定三点。

a. 已知斜导柱的角度。

b. 已知制品抽芯距离（S）的尺寸（单位为 mm），如图 3-1-20 所示各图的 S。

c. 要确定滑块抽芯件（或型腔）端面离开制品的安全距离（S_1）为 3~5mm，如图 3-1-20 所示各图的 S_1。

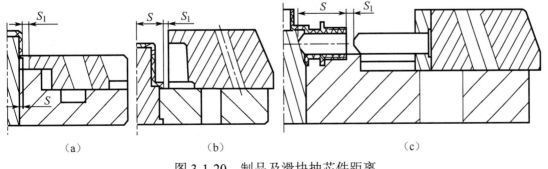

| (a) | (b) | (c) |

图 3-1-20　制品及滑块抽芯件距离

图 3-1-21 所示为安全距离立体效果图。

② 求 L_2 的值：$L_2=(S+S_1)/\sin\alpha$。

举例：已知抽芯距离（S）的尺寸为 2.5mm，安全距离 S_1 为 4mm，则 $S+S_1=$ 2.5mm＋4mm=6.5mm。已知斜导柱的角度为 18°。

计算方法：6.5mm÷sin18°≈21.03mm，得出 L_2 约为 21.03mm。

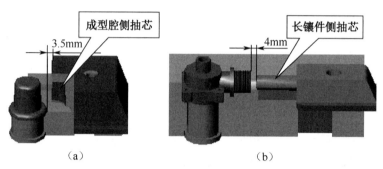

图 3-1-21　安全距离立体效果图

③ 求 L_1 的值：$L_1=H/\cos\alpha$。

举例：已知滑块平面到模板顶部的高度（H）为 40mm，斜导柱的角度为 18°。计算方法：40mm÷cos18°≈42.06mm，得出 L_1 约为 42.06mm。

④ 求 L_3 的值：$L_3=$斜导柱半径。

举例：已知斜导柱的半径（R）为 4mm，所以 L_3 为 4mm。

因为不能在 L_2 尾端上直接倒圆角，所以在 L_2 尾端加 L_3（作为保险系数）倒圆角，以便 L_2 有足够的长度来拨动滑块分离制品。

⑤ 求斜导柱总长度。

斜导柱总长度为 L_2（21.03mm）＋L_1（42.06mm）＋L_3（4mm）=67.09mm，去除小数修正尺寸，总长为 67mm，如图 3-1-22 所示。

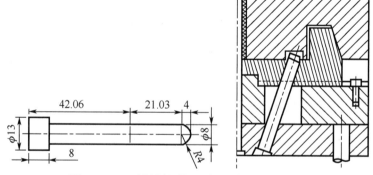

图 3-1-22　斜导柱的尺寸（单位：mm）

（4）斜导柱直径的大小和数量设置。在实际工作中，要根据滑块的高度和宽度及抽芯距离来决定斜导柱直径的大小和数量，斜导柱的数量不能大于两条。同时，两条斜导柱要在同一条直线上并在同一角度平衡定位。

参考工作经验，一般中小型模具滑块的宽度为 30～80mm，高度为 25～40mm，斜导柱的直径取 8～12mm。如果高度为 40～60mm，斜导柱的直径取 12～14mm，斜导柱设置为 1 条。

当滑块的宽度为100~250mm,高度为25~40mm时,斜导柱的直径取12~14mm。如果高度为 60~100mm，斜导柱的直径取 14~22mm，斜导柱设置为两条。

当模具滑块尺寸大于上述的宽度、高度时，斜导柱的直径应根据当前的结构相应取大些，对于宽度为 100~250mm 的滑块，可加装弹簧助推，以减轻斜导柱的开模力。

（5）斜导柱（俗称反装导柱）除了在定模板内安装固定，还可在动模板内安装固定，如图 3-1-23 所示，图中的制品较高，模架较窄，滑块安装在推（中）板上。斜导柱无法在定模上固定，所以将斜导柱安装在动模上。开模时，定模与推（中）板分离后，推杆（顶针）板顶起推（中）板时，斜导柱拨动滑块抽离制品。

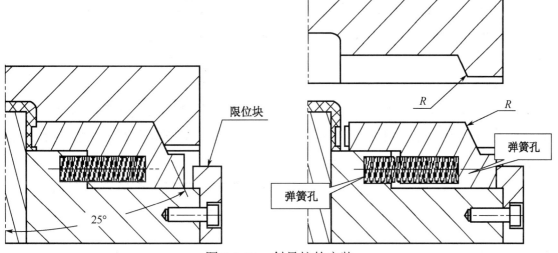

图 3-1-23　斜导柱的安装

2）采用液压油缸或气缸的滑块抽动的设计

在模具制造中，对于抽芯距离过长或尺寸过大的滑块，在一般的斜导柱满足不了其要求的情况下，采用液压油缸或气缸作为侧抽动力。由于使用高压液体（气体）作为动力，所以其优点是抽芯行程长、抽芯力大、传递平稳，同时可根据脱模力的大小和抽芯距离的长短选用不同大小的油（气）缸。

液压油缸或气缸在使用中，由电路控制模具开模的先后顺序，其工作原理如下。

（1）模具开模时，先由液压油缸或气缸抽动滑块离开制品，制品被顶出模具后，注塑机的顶杆后退，回程杆上的弹簧将推杆板推动复位。

（2）当模具再次合模后，注塑机上的行程开关通过控制电路使液压油缸或气缸将滑块推入模腔内复位。然后进行下一次注塑，周而复始。

（3）液压油缸与滑块的连接如图 3-1-24 所示。液压油缸固定在模架 B 板的连接支架上，油缸活塞杆与滑块一般采用 T 形连接。可直接在滑块尾部加工 T 形槽（也可在滑块尾部加装可拆装的 T 形连接槽）。油缸前端安装 T 形连接头，连接头可用销钉或螺钉固定在活塞杆上。

由于油（气）缸体型较大，所以模具的安装对注塑机的位置有影响。而采用 T

形槽连接，目的是方便安装、拆卸。所以应先安装模具，再安装油（气）缸。

（4）液压油缸活塞杆的行程应大于滑块抽芯长度 5~10mm。

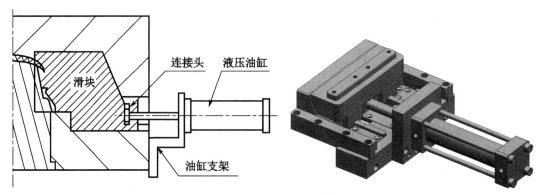

图 3-1-24　液压油缸与滑块的连接

（5）液压油缸抽芯不能与斜导柱共用。

（6）液压油缸抽芯只能拉、推滑块运动，不能紧压滑块使用，但必须安装紧锁块压紧滑块。

3）弹簧推动滑块的作用

在模具制造中，对于一些抽芯距离短、宽度小于 25mm 的滑块，在不能使用斜导柱的情况下，可采用弹簧作为动力来推动滑块，如图 3-1-25 所示。弹簧一般采用蓝色弹簧。

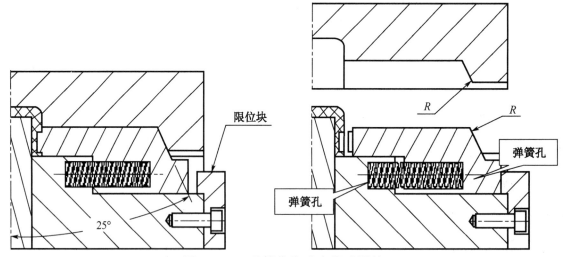

图 3-1-25　弹簧作为动力推动滑块

使用弹簧作为动力要注意以下几点。

（1）滑块紧锁斜面要大于 25°，小于该角度的紧锁块难以导入来推动滑块合模。

（2）不能采用钢珠弹簧限位，要使用限位块限位。

（3）要注意弹簧应压缩 1/2 或 2/3，弹簧节数过多、压缩过大易产生疲劳，时间长了弹簧会失去弹力；弹簧节数过少，开模时张力不足，则滑块行程不够，设计时要充分考虑其工艺。

（4）滑块斜面和紧锁块均要倒圆角，以便于合模时导入来推动滑块及紧锁滑块。

（5）模板和滑块必须加工弹簧定位孔，以便于弹簧在定位孔内压缩和扩张。

一些大中型的滑块，在使用斜导柱作为动力的情况下，同时可加装弹簧助推，以减轻斜导柱的抽拉力。使用弹簧的头数，应视滑块的宽度来确定，可采用两头弹簧平衡推出。如果滑块行程较大，那么必须在弹簧孔中心加装定位销作为弹簧管位，以防止弹簧在压缩时产生弯曲与滑块碰撞而损伤模具。

弹簧在滑位中的安装方式：①装在滑位里面（如果滑位的位置不够，也可装在对应位置的模板中）。在此种情况下，弹簧在合模时被压缩，在开模时恢复到预压状态。②装在滑位外面。在此种情况下，弹簧在合模时被压缩，在开模时恢复到预压状态。

弹簧在行位中的使用要求：①朝天方向的行位，如无特别要求或说明，均需安装弹簧，以防止行位因自重落下而造成模具的损坏，安装位置首选行位中间。②左右方向的行位，一般均需安装弹簧。③朝地方向的行位，可不用安装弹簧。

7. 紧锁部分：滑块尾部紧锁块或定模自锁位置

紧锁块又称为压块，在模具注塑中紧压滑块尾部斜面，它的主要作用是阻止滑块在熔料的高压冲击下向后移动。由于要承受高压注塑力，所以压块采用这种可靠的紧锁形式。

紧锁块根据滑块的实际情况而设计。如果滑块整体在分型面下（动模内）侧向抽芯，紧锁块可嵌入固定在定模板上，如图 3-1-26（a）所示；如果滑块的高度有 2/3 藏入定模内，就不能采用紧锁块嵌入方式了，可以按滑块尾部斜面角度在定模板原身上做自锁块，如图 3-1-26（b）所示。

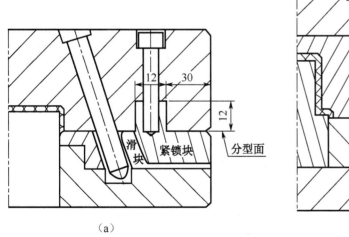 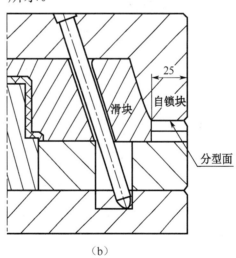

（a）　　　　　　　　　　（b）

图 3-1-26　常用的两种紧锁形式（单位：mm）

1）紧锁块的设计要求

（1）紧锁块的斜面角度与滑块尾部的斜面角度相同，应比斜导柱的角度大 2°～3°。

（2）定模板内自锁块的宽度要大于滑块的宽度 1～2mm，作用是合模时避免与滑块宽度的两侧碰撞。

（3）嵌入式紧锁块的宽度（E）要小于滑块的宽度 1～2mm，作用是合模时避免与导滑槽碰撞。

2）紧锁块的尺寸

（1）紧锁块的冬菇头嵌入尺寸要按滑块大小以及模板的厚薄而定，冬菇头宽度（L）一般为12～30mm；深度（H）为12～40mm；冬菇头距模板边（L_1）25～100mm（见图3-1-27）。

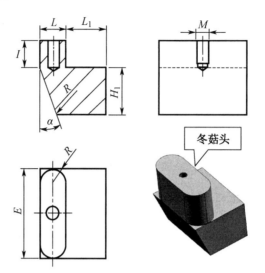

图 3-1-27　紧锁块的尺寸

注意：冬菇头与嵌入孔的尺寸配合为零对零尺寸配合。

（2）紧锁块的紧锁高度（H_1）小于导滑槽（T形槽）的深度3～5mm。

（3）紧锁块的斜角底端位置要倒圆角，便于合模时导入滑块。

（4）紧固螺钉的直径（L）取M8或M10。螺钉数量一般取1或2个。紧锁块若过长、过大，紧固螺钉的直径也要相应取大些，同时螺钉数量取3个或4个。

3）反铲紧锁块的结构

当滑块承受较大的侧向注塑力时，紧锁块要考虑插入动模板的导滑槽下方内孔（俗称反铲），以加大紧锁块的锁模力，增强刚性，防止滑块后退。反铲面角度一般为5°～10°。反铲面示意图如图3-1-28所示。

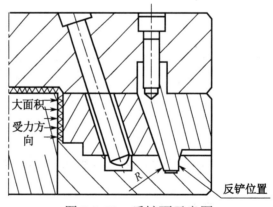

图 3-1-28　反铲面示意图

表3-1-2所示为各种不同形状的实例立体紧锁块解剖结构图，通过这些图可以了解不同制品的结构工艺和侧向抽芯紧锁的使用状况。

表 3-1-2　各种不同形状的实例立体紧锁块解剖结构图

1. 采用镶拼嵌入式紧锁块紧锁滑块，这种工艺需要在前模上加工凹槽坑，紧锁块平面紧贴前模分型面，用螺钉固定冬菇头。该结构强度好，易加工，适合于紧锁力较大的滑块	2. 当滑块承受较大的侧向注塑力时，紧锁块插入动模板的导滑槽下方内孔，防止滑块后退，加大紧锁块的锁模力，增强刚性
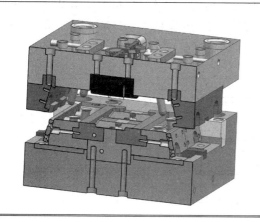	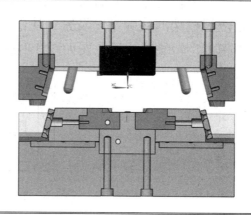
3. 若制品型腔较深（如笔筒），则斜导柱不能在前模安装，对滑块的紧锁斜面要在前模原身上加工，这种结构的紧锁力较强，但加工稍微麻烦	4. 若制品形状特殊，则两侧滑块要做成圆锥形（俗称较杯模），制品在圆锥内加工成型腔，这样可减轻滑块的总质量，同时在前模按滑块的圆锥尺寸加工圆锥孔作为紧锁面。这种结构的加工精度和难度较高，分型面限位要准确
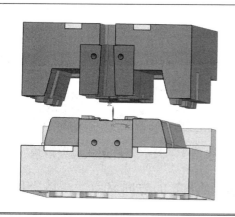	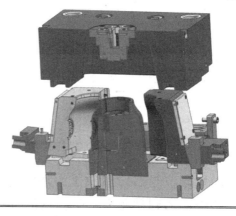
5. 滑块大部分藏在前模内，所以利用前模整体加工紧锁斜面作为紧锁块紧锁滑块，其结构刚性好，但加工稍微麻烦	6. 滑块由外部的上下紧锁块套锁，其结构刚性较好，但上下紧锁块加工也较麻烦，其定位销钉和螺钉要排位合理紧固
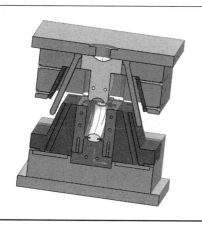	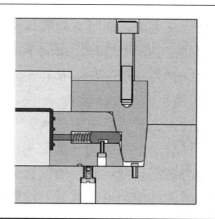

8．定位部分

定位一般采用滑块、弹珠基米螺钉（含弹簧、钢珠、基米螺钉）、内六角螺钉、挡块。

1）滑块限位形式

（1）滑块滑出限位的安全形式为，滑块的长度 L 应大于滑块的宽度，滑块的长度应视模架的实际宽度及紧锁块的宽度而定。滑块完成抽芯动作后，应全留在导滑槽内，滑块限位示意图如图 3-1-29 所示。

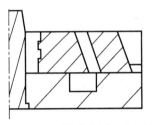

图 3-1-29　滑块限位示意图

（2）如果位置不够，那么尽可能地将滑块保留在滑块槽内。保留在滑块槽内的滑块长度不小于滑块全长的 2/3，以防滑块掉出模架外，如图 3-1-30 所示。

（3）若滑出限位距离确实小于滑块全长的 2/3，则可采用搭桥（增加滑槽支架）形式，使滑块有足够限位定在滑槽位置上，以保证滑块在开模或合模时的安全，如图 3-1-31 所示。

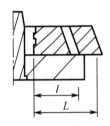

图 3-1-30　在滑块槽内调整滑块

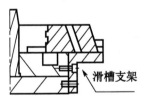

滑槽支架

图 3-1-31　搭桥形式调整滑块

滑块限位与定位取决于滑块滑行的方向，而滑行的方向又取决于两个因素：制品的结构和制品在模架中的摆放位置。

制品的结构各有差别，滑行的方向也有差别，在设计中一般将模架的滑块面对操作者分为四个方向：滑块向上滑行和滑块向下滑行（以吊环孔分为垂直上与下），滑块向左滑行和滑块向右滑行（水平方向）。从制品需要滑块侧向抽芯定位的安全角度考虑，抽芯方向应尽量选择或左或右水平方向，这是滑块滑行定位最好的选择。其次是选择滑块向下滑行，不得已时，滑块需要四侧运行，才选择向上滑行。总之，宁左右，不上下。

2）滑块水平定位形式

这种工艺多适用在模具水平（左或右）两侧运动定位，在开模过程中，滑块在斜导柱拨动下要运动一定距离，在开模后，当斜导柱拨动和离开滑块后，滑块必须保持在斜导柱离开后的位置上不能移动，停留在终止运动点上，以保证合模时斜导柱的伸出端可靠地插入滑块的斜孔，便于滑块安全复位。所以滑块必须安装定位装置，且定位装置必须可靠。

（1）可在定模板上钻孔攻螺纹，利用带弹簧和钢珠的紧定螺钉将滑块设定在一个固定点上，一般这种带弹簧和钢珠的紧定螺钉多用于滑块较小或抽芯距离较长的情况。其紧定螺钉可直接使用标准件安装。限位螺钉定位如图 3-1-32 所示。

（2）可在滑块槽面上用螺钉作为限位，限制滑块向外滑出。限位块定位如图 3-1-33 所示。

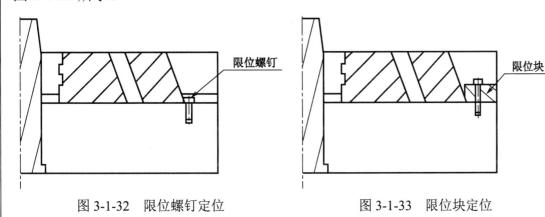

图 3-1-32　限位螺钉定位　　　　　　　图 3-1-33　限位块定位

（3）在模架侧安装限位挡板，用螺钉固定，如图 3-1-34 所示。

（4）在模板上（T 形导滑槽中间）加工滑块挡板的活动槽，槽内安装弹簧，防止滑块自动复位，如图 3-1-35 所示。

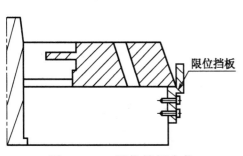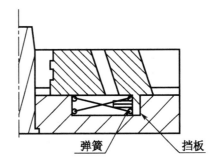

图 3-1-34　限位挡板定位　　　　　　　图 3-1-35　限位弹簧定位

3）滑块垂直（向上或向下）定位形式

（1）滑块向上滑行时，如果采用一般的弹簧钢珠（基米弹珠螺钉）做定位，那么弹簧钢珠无法承受滑块离开斜导柱后下垂的质量，从而发生合模时斜导柱撞滑块的情况，轻则撞断斜导柱或损坏滑块，重则导致撞断的斜导柱插入型腔，报废整套模具。

所以必须采用弹簧、长螺杆和支架配合，靠弹簧的张力来定位，使滑块在斜导柱离开后不会下滑。但弹簧压缩比若选取不当，则会产生疲劳失效情况，因此弹簧压缩比应为 2/3。弹簧的压缩强度为滑块质量的 1.5～2.5 倍。滑块垂直向上定位图如图 3-1-36 所示。

（2）滑块向下滑行时，可采用水平滑块的限位方式，并采用螺钉或限位板等。

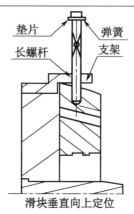

图 3-1-36　滑块垂直向上定位图

9．动模内侧抽芯机构

（1）动模内侧抽芯机构有的用于透明制品上，由于制品表面不能有斜撑顶出痕迹，所以要采用内侧抽芯机构；有的制品因形状位置特殊，采用斜撑又不够位置，所以同样要采用内侧抽芯机构。这种机构可采用斜导柱抽芯或弯销抽芯，滑块两侧 T 形位置均用压板配合滑动。后侧开设弹簧孔，同时滑块后侧放置紧锁块，便于滑块有足够的位置装配和安装弹簧及紧锁块。斜导柱抽芯安装弹簧及紧锁块如图 3-1-37 所示。

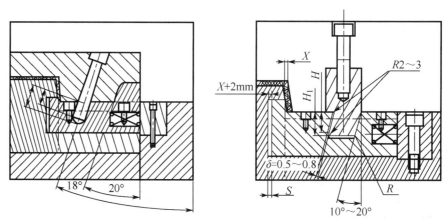

图 3-1-37　斜导柱抽芯安装弹簧及紧锁块

（2）开模时，前模的压块离开滑块，斜导柱或弯销拨动滑块向型芯内部移动，弹簧随滑块移动产生张力顶住滑块向内移动，使其保持离开抽芯位置。合模时，斜导柱或弯销插入滑块斜孔内，拨动滑块向型芯外侧移动（弹簧也随之向外压缩），压块或弯销的后侧面再次紧锁滑块的斜面。这种工艺要注意 S 行程与斜导柱或弯销的长度。若斜导柱或弯销过长未离开滑块孔，滑块已顶到限位，则斜导柱易折断。若斜导柱或弯销过短，则合模时斜导柱或弯销无法插入滑块斜孔，会撞伤滑块从而使导柱发生变形。滑块后侧的紧锁块底部要低于滑块底部 2mm，宽度单边大于滑块宽度 2～3mm，其作用是便于滑块和弹簧的安装与拆卸。

（3）有的圆形制品内部结构较小，且内部有的地方有凸槽或凹槽，一般内滑块是无法达到其要求的，这种情况可用以下的结构进行设计：①用中（顶）板顶出；②用锥楔镶件与下滑块配合动作成型；③锥楔镶件、上滑块及中板 B 板与型芯处于同一轴心，需线割一次加工成型。上滑块导槽在中板上加工铣出，下滑块在中板底加工导槽，用压板固定防止滑动。下滑块先按型芯的直径车制加工，再按锥楔镶件尺寸分中线割成对称两件。

合模时，动模 A 板（L_1）紧压中板，中板内的下滑块在弹簧 K_1、K_2 的张力下，紧锁锥楔镶件，形成一个完整的型芯。制品成型后，动模 A 板（L_1）离开中板，上滑块在斜导柱拨动下向两侧运动，脱离制品外形。中板被顶针板 L_2 推出，推出时中板内的下滑块在弹簧的张力下，顺着锥楔镶件的斜面慢慢向中心合拢，脱离了型芯内的抽芯位置。中板继续上推，将制品完全推出模外。制品脱模过程如图 3-1-38 所示。

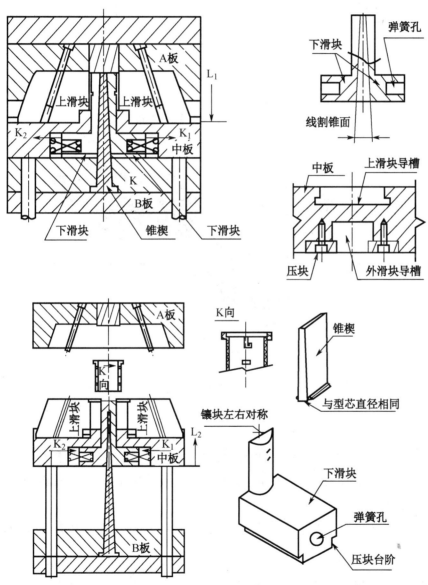

图 3-1-38　制品脱模过程

10．动模多方向滑块组成侧向抽芯机构

多方向外滑块侧向抽芯是指由于产品的特殊结构要求，如图 3-1-39 所示，产品的顶部均有凸边，同时四侧通孔及孔的周边均有凸边形状，正常情况下无法直接在型腔上加工四侧的凹凸位，也无法脱模，所以在动模上可采用三侧或四侧不同方向角度的滑块侧向抽芯。

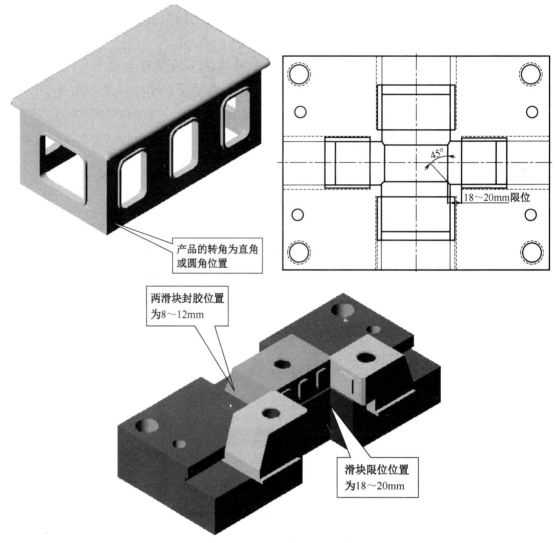

图 3-1-39　限位图

所以，在设计此四侧不同方向角度的滑块侧向抽芯模具时，要注意几个问题。

（1）以中心轴线为坐标。

（2）制品以中心轴线分中。

（3）以制品的四个角取 45°作为四侧滑块的封胶位置，如制品转角为直角的封胶位置长为 8～12mm，制品转角为圆角的封胶位置长为 10～20mm，以保证有足够的封胶位置。

（4）四侧滑块的限位与制品的距离应为 15～25mm，以防止滑块合模后错位产生移动。

11. 斜推杆（斜顶）侧向抽芯机构

斜推杆（斜顶）侧向抽芯机构是常用的侧向抽芯机构，它常用于制品内侧面或外侧面的凹入和凸出（或倒扣）形状结构。对于制品内侧面或外侧面的凹入和凸出（或倒扣）形状结构，如果不采用斜推杆推出工艺，那么开模后，若强行直接推出制品会损坏制品的结构。所以对内、外侧面的凹入和凸出（或倒扣）形状成型，一般设计在斜推杆上，抽芯时，斜推杆做斜向运动，斜向运动分为一个垂直定向运动和一个侧向定位运动，其中侧向定位运动实现侧向抽芯。相对于内侧滑块抽芯，斜推杆结构较简单，同时有推出制品的作用。由于斜推杆加工复杂，工作量较大，制品生产时模具易磨损，维修麻烦，对于外侧面的凹入和凸出（或倒扣）形状，应视型芯的镶件是否复杂来确定，若过于复杂，则不能采用斜推杆工艺，必须采用外滑块抽芯工艺。同时，对于透明制品尽量不用斜推杆，避免透明制品表面有分形痕迹。

斜推杆分类如图 3-1-40 所示。

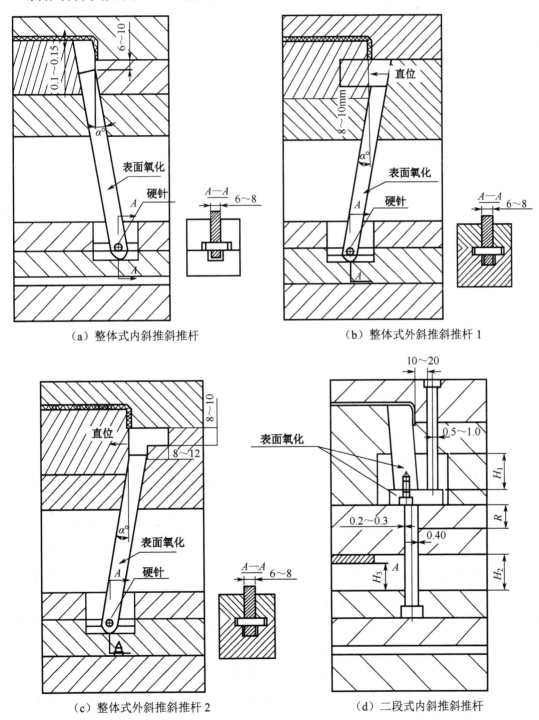

（a）整体式内斜推斜推杆　　　　　　（b）整体式外斜推斜推杆 1

（c）整体式外斜推斜推杆 2　　　　　（d）二段式内斜推斜推杆

图 3-1-40　斜推杆分类（单位：mm）

一般整体式斜推杆的角度为 6°～15°，但在实际使用中常用 8°～10°。若角度取小了，则斜推杆要增长，模架的支承板相应要加高。若角度取大了，则模板相应加宽，否则无法在顶针上安装斜推杆。

角度通常在分型面向下 8～10mm 处开始取出，斜推杆顶部不准高出型芯面，否则推出时会铲伤制品，应从型芯面降低 0.1～0.15mm，以方便斜推杆从制品的内表面顺利推出。

斜推杆必须采用硬质钢材线割加工，表面进行氮化加硬，以防止在长期的生产中产生变形。旋转轴则可采用顶针。

斜推杆除了三角位置要密封，其余部位须避空，以便斜推杆推出或恢复时减小摩擦。

斜推杆的尾端前、后活动位置要留有空间，旋转轴轴向面尽量安装在上顶针板的底部。旋转轴在台阶与顶针板的底部应留有间隙，推荐为 0.02mm。

二段式斜推杆要在前模加装复位杆，以便合模时将斜推杆推下复位。同时在垫板底加装限位板，限位板下的 H_3 与 H_1 的推出高度相同。

3.1.2　滑块成型零件磨削工艺

成型零件磨削是将工件曲面轮廓线划分成单一直线和圆弧逐段进行磨削的加工方法。成型磨削方法主要有成型砂轮法和夹具磨削法两种。这里只介绍后一种，所采用的夹具是万能夹具，它由十字滑板、回转部分、分度部分和工件的装夹部分组成。万能夹具在磨床上的安装位置和磨削时所采用的测量调整器的结构分别如图 3-1-41 和图 3-1-42 所示。

图 3-1-41　万能夹具在磨床上的安装位置　　　图 3-1-42　测量调整器的结构

在采用万能夹具进行成型磨削之前，由于模具零件图所给出的设计尺寸往往不能满足磨削调整的要求，所以需要根据工件的设计尺寸换算出磨削调整用的工艺尺寸，绘制成型磨削的工序图，以便进行磨削加工。图 3-1-43 所示为凸模零件图，图 3-1-44 所示为凸模的成型磨削工序图。

模具零件在进行成型磨削之前，应先用其他加工方法完成定位基面（上、下平面）的精加工，以及成型面的粗加工、半精加工，成型面周边均匀留 0.08mm 的磨削量。对于图 3-1-43 所示的凸模，为了便于成型磨削时的安装，还需在端面钻、攻两个直径为 8mm、深为 10mm 的螺孔，然后在实验教师的指导下，按下列步骤进行磨削。

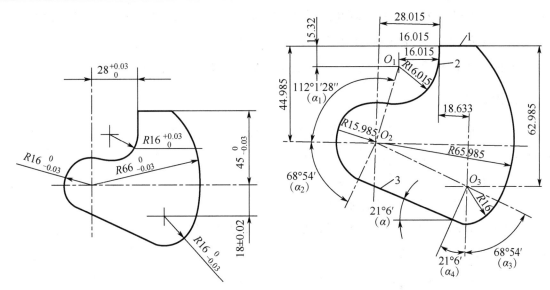

图 3-1-43　凸模零件图（单位：mm）　　　图 3-1-44　凸模的成型磨削工序图（单位：mm）

1．装夹工件

利用凸模端面上的两个螺孔，用螺钉和垫套将凸模装夹在装件盘上。按图 3-1-45 所示的工件校正示意图校正工件，使工件的工艺坐标轴与十字滑板导轨方向平行，调好后将凸模紧固在装件盘上。移动十字滑板，使各工艺中心依次与分度转盘的回转轴线重合，用百分表和测量调整器检查各处的磨削余量是否足够，如图 3-1-46（a）所示，在测量调整器上放置尺寸为 50mm＋44.985mm 的量块，使百分表在量块上面对"0"，然后将百分表移至工件的被测表面"1"上，调整工件使其读数等于磨削余量；再将工件顺时针旋转 90°，使平面"2"处于水平位置，如图 3-1-46（b）所示，降低量块高度到 28.015～50mm，以此调整好工艺中心 O_2 的位置；转动工件，用百分表和测量调整器检查 $R15.985mm$、$R65.985mm$ 及斜面"3"是否有足够的磨削余量。

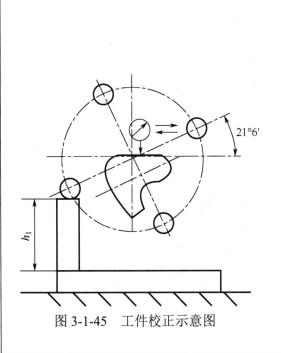

图 3-1-45　工件校正示意图

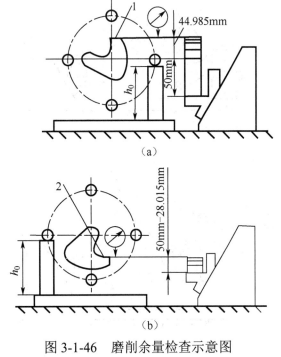

图 3-1-46　磨削余量检查示意图

以平面"1""2"为测量基准，把工艺中心 O_1、O_3 依次调到分度盘回转轴线上，用百分表和测量调整器检查其余各表面的磨削余量是否足够、均匀，若工件上某些部位无余量或余量不均匀，还需做补充调整，直至各处余量调匀为止。

2. 磨削加工

（1）磨削基准面"1"、"2"和 R 为 16.015mm 的凹圆弧面：将工艺中心 O_1 调至分度盘的回转轴线上，先后使平面"1""2"处于水平位置，磨削两平面至规定尺寸，如图 3-1-47（a）、图 3-1-47（c）所示。磨削平面"2"时，在离凹圆弧的切点 2～3mm 处停止磨削，留作磨削切点处余量。

将砂轮修整成半径小于工件凹圆弧半径的圆弧面，用回转法磨削 R 为 16.015mm 的凹圆弧至规定尺寸，如图 3-1-47（e）所示。在磨削过程中，当平面"2"转至水平位置时，停止转动，水平移动十字滑板，磨削掉切点余量，使切点处连接平滑。

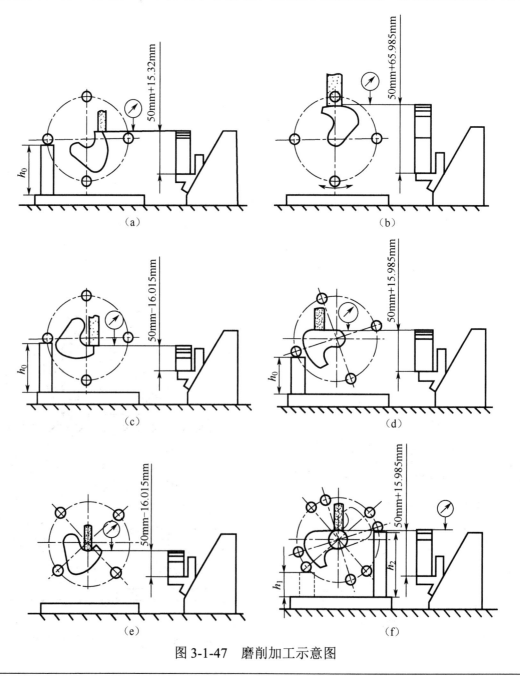

图 3-1-47 磨削加工示意图

（2）磨削 R 为 65.985mm、R 为 15.985mm 的圆弧面和平面"3"：将工艺中心 O_2 调至分度盘的回转轴线上，重新将砂轮修平，用回转法磨削 R 为 65.985mm 的圆弧面至规定尺寸。

使平面"3"处于水平位置，磨削平面"3"至规定尺寸，如图 3-1-47（d）所示。控制转角 α =21°6′时，垫在分度盘圆柱下的量块尺寸为

$$h_1=h-(D/2)\sin21°6′-d/2$$

用回转法磨削 R 为 15.985mm 的圆弧面至规定尺寸，如图 3-1-47（f）所示。为防止磨坏相邻面，在磨削时需要控制回转角 α_1 和 α_2。控制转角 α_1 和 α_2 时，垫在分度盘圆柱下的量块尺寸为

$$h_1=h-(D/2)\sin(\alpha_1-90°)$$
$$h_2=h+(D/2)\sin(90°-\alpha_2)$$

（3）磨削 R 为 16mm 的凸圆弧面：将工艺中心 O_3 调至分度盘回转轴线上，用回转法磨削 R 为 16mm 的圆弧面至规定尺寸，如图 3-1-48 所示。为了防止磨坏相邻面，需要控制磨削回转角 α_3 和 α_4。控制转角 α_3 和 α_4 所用量块的尺寸为

$$h_1=h-(D/2)\sin21°6′-d/2$$
$$h_2=h+(D/2)\sin21°6′-d/2$$

式中　h——夹具主轴中心至量块支承面的距离；

　　　D——正弦圆柱中心所在圆的直径；

　　　d——正弦圆柱的直径。

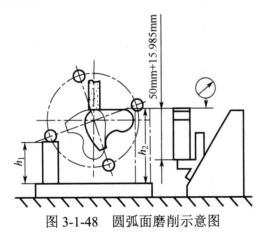

图 3-1-48　圆弧面磨削示意图

作业单

项目三	滑块类机械加工	任务 1	滑块设计、加工、磨削
实践方式	小组成员动手实践，教师巡回指导	计划学时	12
实践内容			

填写项目三工作页中的计划单、决策单、材料工具单、实施单、检查单、评价单等。

学生任务：完成图 3-1-49 所示的滑块零件的加工。

学生任务：完成图 3-1-49 所示的滑块零件的磨削。

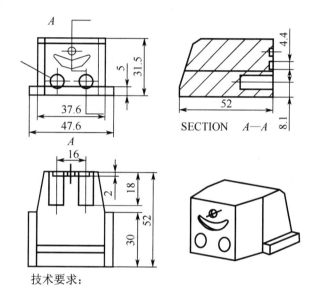

技术要求：

1. 淬火硬度为 58～62HRC。

2. 未注公差按 GB/T 1804—2000 标准中提到的 f。

图 3-1-49　滑块零件

1. 小组讨论，共同制订计划，完成计划单。

2. 小组根据班级各组计划，综合评价方案，完成决策单。

3. 小组成员根据需要完成的工作任务，完成材料工具单。

4. 小组成员共同研讨，确定动手实践的实施步骤，完成实施单。

5. 小组成员根据实施单中的实施步骤，铣削、磨削加工滑块零件。

6. 检测小组成员加工的滑块零件，完成检查单。

7. 按照专业能力、社会能力、方法能力三方面综合评价每位学生，完成评价单。

班级		姓名		第　　组	日期	

项目四

模具装配、调试

学习目标

1. 能够按图样要求装配模具的动模和定模。
2. 能够装配模具的顶针和推杆、垫块和动模座板。
3. 能掌握滑块和紧锁块的安装。
4. 能掌握塑料模型芯、型腔的装配技能。
5. 能够按图样技术要求完成模具总装配和调试过程。
6. 能掌握注塑机的选择和使用。

工作任务

■ **任务1 模具装配**

将外形和尺寸符合总装配图纸规定的各模具零件按要求进行装配。

将有明确标识的模具如各种水管、气管、模脚、锁模板等配件按总装配图纸技术要求进行装配，方便模具运输和调试生产。

■ **任务2 模具调试**

通过注塑机的选择进行模具的调试。

通过注塑出来的产品对模具进行分析。

注塑模具装配是注塑模具制造过程中重要的后工序，模具质量与模具装配紧密联系，模具零件通过铣、钻、磨、数控加工、电火花加工、车等工序加工，经检验合格后，就到了集中装配工序上；装配质量的好坏直接影响模具质量，是模具质量的决定因素之一；没有高质量的模具零件，就没有高质量的模具；只有高质量的模具零件和高质量的模具装配工艺技术，才有高质量的注塑模具。注塑模具装配工艺技术控制点多，涉及方方面面，易出现的问题点也多。另外，模具周期和成本与模具装配工艺也紧密相关。

项目情境描述

项目四	模具装配、调试	任务1	模具装配
任务学时		26	

	布置任务					
工作目标	1．能掌握模具装配工艺的顺序。 2．能掌握模具装配的注意事项。 3．能掌握模具装配工具的使用。 4．能掌握模具的调试。 5．能掌握注塑机的分类。 6．能掌握注塑机的参数。 7．能掌握注塑过程。					

任务描述	根据图 4-1-1 所示的模具爆炸图装配模具。 技术要求： 1．装配时间为 90min。 2．安全文明操作。 图 4-1-1　模具爆炸图

学时安排	获取信息 8 学时	计划 2 学时	决策 0.5 学时	实施 14 学时	检查 0.5 学时	评价 1 学时

提供资源	1．装配图样和工艺规程。 2．教案、课程标准、多媒体课件、装配视频、参考资料、模具装配工岗位技术标准等。 3．模具装配有关的工具和量具。

对学生 的要求	1．学生具备模具装配图的识图能力，掌握模具装配的工艺。 2．装配时必须遵守安全操作规程，做到文明操作。 3．装配模具零件时要符合技术要求。 4．以小组的形式进行学习、讨论、操作、总结，每位学生必须积极参与小组活动，进行自评和互评；装配完成后，对自己的产品进行分析。

项目四	模具装配、调试	任务1	模具装配
获取信息 学时	8		
获取信息 方式	观察事物、观看视频、查阅书籍、利用互联网及信息单查询问题、咨询 教师		
获取信息 问题	1．常用的装配工具有哪些种类？其主要用途是什么？ 2．常用的装配量具有哪些种类？其主要用途是什么？ 3．装配前的准备工作有哪些？ 4．型芯、型腔预装配工艺要准备什么？ 5．学生需要单独获取信息的问题……		
获取信息 引导	1．问题1可参考信息单4.1.1节的内容。 2．问题2可参考信息单4.1.1节的内容。 3．问题3可参考信息单4.1.2节的内容。 4．问题4可参考信息单4.1.4节的内容。		

任务 1 模具装配 ●●●●●

4.1.1 装配工具、量具

装配工具、量具一览表如表 4-1-1 所示。

表 4-1-1 装配工具、量具一览表

设备种类	设备名称	加工范围/测量范围	技术特点	备注
设备	起重设备	10～20t	运输、起重、FIT 模	
	普通铣床		铣削规则面	
	摇臂钻床		加工螺孔、过孔、冷却孔、顶杆过孔	
	台式钻床		加工螺孔、过孔、冷却孔、顶杆过孔	
	平面磨床		磨削规则面	
	翻模机		大型模具翻转	
	切针机		切割顶杆、销钉等圆柱形零件	
	电动打磨机		修配型面、碰穿面、插穿面	
	气动打磨机		修配型面、碰穿面、插穿面	
刀具、工具	白钢铣刀		粗铣、半精铣规则面	
	合金铣刀		半精铣、精铣规则面	
	普通钻头		加工螺孔、过孔、冷却孔、顶针孔	
	加长钻头		加工大型镶件冷却孔、顶杆孔	
	平锉		去除加工毛刺	
	金刚锉		修配型面、碰穿面、插穿面	
	异型金刚锉		修配型面、碰穿面、插穿面	
	铜锤		校正工件、配模	
	砂轮打磨头		修配型面、通孔、通槽分析面	
	金刚打磨头		修配型面、通孔、通槽分析面	
	风枪		清洁零部件	
量具	游标卡尺	0.02mm	零部件检测测量	
	千分尺	0.01mm	零部件检测测量	
	深度尺	0.02mm	零部件深度尺寸检测测量	
	高度尺	0.02mm	划线取数	
	塞尺	0.01mm	零部件槽缝尺寸检测测量	
	角度尺		零部件角度尺寸检测测量	
	直角尺		曲尺	
	百分表	0.01mm	拖表，校正工件	
	R 规		零部件圆角尺寸检测测量	

4.1.2 装配工艺顺序

1．模具装配准备

（1）承接模具时，装配钳工仔细分析产品图纸或者样件，熟悉并把握模具结构和装配要求，若有不清楚之处或者发现模具结构问题，须及时反馈给设计者；装配钳工须根据模具结构特点和技术要求，确定最合理的装配顺序和装配方法。

（2）模具装配前，装配钳工必须清楚模具零部件明细清单，及时跟踪模具零部件加工进度和加工质量，若发现模具零部件加工进度和加工质量问题，须及时反馈给相关的车间主任、跟模人员、加工人员、检验员。

（3）模具装配前，装配钳工必须对模具零部件进行测量检验，检查模具零部件是否符合图纸要求、零件间的配合是否合适，合格的零件投入装配；对于不合格的零件，必须及时反馈给相关的跟模人员、加工人员、检验员；对于有争议的零件，由车间主任组织相关人员裁定。

2．零件加工准备

模具零件加工前，装配钳工必须对加工零件的特殊装夹钻孔攻牙，配好特殊夹具。

3．模具零件配合位的钻、铣、磨削加工

装配钳工必须对部分零件配合位进行钻、铣、磨削加工，其工艺按《模具钻削加工工艺规范》《模具磨削加工工艺规范》《模具铣削加工工艺规范》执行。

4．模架验证和装拆

装配钳工必须对模架装配尺寸、配件、动作、行程、限位、动作顺序进行验证，检查模架是否符合图纸要求，对于不符合的模架，必须及时反馈给检验员。

5．模具零件螺钉孔、顶针孔、冷却水孔的加工

模具零件螺钉孔、顶针孔、冷却水孔的加工是注塑模具装配钳工的主要工作之一，其工艺按《模具钻削加工工艺规范》执行。

6．模具部件预装和标识

注塑模具一般由一定数量的零件、部件组成，模具部件须预装，达到配合要求的零部件须及时做好标识，零部件标识按《注塑模标识标准》执行。

4.1.3 模架装配工艺

1．模架的加工基准

某模具厂注塑模模架委托周边模架专业厂家制造，按广东科龙模具有限公司

《注塑模架的生产制造标准》执行，模架精框或型腔按基准角加工，基准角在偏孔一边，并明确标识；模架附件尺寸（指导柱、螺钉等）由模架厂自定基准或分中加工。

2. 模架动作、行程、限位、动作顺序验证

（1）验证大水口模架 A、B 板开合是否平稳顺畅，松紧程度是否适中，有无歪斜和阻滞现象。导柱与导套为滑动配合（一般为 G7/h7），导柱、导套与模板为过渡配合（一般为 H7/K6）。

（2）验证小水口和简易小水口模架 A、B 板开合是否平稳顺畅，松紧程度是否适中，有无歪斜和阻滞现象。导柱与导套为滑动配合（一般为 G7/h7），导柱、导套与模板为过渡配合（一般为 H7/K6）。验证 A 板与脱料板开合是否平稳顺畅，限位拉杆行程是否符合图纸要求。

4.1.4 预装配工艺

1. 型芯、型腔预装配工艺准备

（1）装配前，须按工艺技术要求对需要倒角去毛刺的工件进行倒角，未注倒角为 1×45°，保证不伤手，使其装配时具备导向作用。

（2）装配前，须清洗型芯、型腔与动/定模板。

（3）装配前，须检查定模预装件加工是否达到图纸所规定的要求。定模部件为整板结构的（如冰箱、果菜箱），型腔加工按基准角加工，定模整板装配尺寸检测按基准角测量；定模部件为镶拼结构的，模板腔加工按基准角加工，镶件型腔加工按分中加工，模板装配尺寸检测按基准角测量，镶件装配尺寸检测按分中测量，镶件与模板松紧程度须适中，装拆方便，其配合为过渡配合，装配间隙按镶件与模板装配间隙表执行。

（4）装配前，须检查动模预装件加工是否达到图纸所规定的要求。模板腔加工按基准角加工，镶件型芯加工按分中加工；模板装配尺寸检测按基准角测量，镶件装配尺寸检测按分中测量，镶件与模板松紧程度须适中，装拆方便，其配合为过渡配合，装配间隙按镶件与模板装配间隙表（见表 4-1-2）执行。

表 4-1-2　镶件与模板装配间隙表

尺寸段/mm	100～315	315～550	550～900
装配间隙大小/mm	0.03～0.05	0.05～0.1	0.1～0.15

2. 动、定模镶件装配工艺

（1）装配时，动、定模镶件装配按先大后小，从整体到局部的顺序进行。

（2）装配时，动、定模镶件应垫着铜棒压入，不能用铁棒直接敲打，压入时应保持平稳且垂直。

（3）装配时，不得损伤动、定模镶件的分型面、型面、碰穿面，镶件与模板松紧程度须适中，装拆方便。

（4）装配后，动、定模部分中心位置符合装配图纸所规定的要求，夹口、级位不得大于±0.05mm；装配好的模具的成型位置尺寸应符合装配图纸所规定的要求。

4.1.5 主分型面装配（配模）工艺

1. 动、定模主分型面装配（配模）准备

（1）配模前，须清洗动、定模各镶件及各模板。

（2）配模前，须检查动、定模主分型面尺寸是否达到图纸所规定的要求。

（3）配模前，须在动、定模主分型面上均匀涂上 FIT 模红丹。

2. 动、定模主分型面装配（配模）工艺

（1）配模时，对照基准角将定模导入动模。

（2）配模时，动、定模应垫着铜棒压入，不能用铁棒直接敲打，并保持各主分型面压力适中、均匀。

（3）配模时，动、定模主分型面配合须均匀到位，配模红丹影印均匀、清晰，各分型面配合间隙小于该模具塑料材料溢边值 0.03mm，避免各分型面漏胶产生溢边（披峰）。

（4）当配模红丹影印不均匀时，各分型面配合须进行局部研配，分型面的研配必须通过精密修配或精密加工完成，不能用砂轮机打磨等粗加工方法。对于分型面达不到图纸精度要求的工件，装配钳工应该把它退回机加工，不能擅自修改，需要钳工修改的工件必须经过技术人员的确认才可进行。

（5）配模后，动、定模主分型面须开设排气槽，保证排气顺畅，排气槽通常开在定模一侧。

（6）装配后，动、定模各零件须做好安装位置标识。

4.1.6 制件中间通孔、通槽分型面（碰穿面、插穿面）的装配工艺

碰穿面指的是制件中间的通孔、通槽所形成的分型面，型芯与型腔平面（弧面）接触的两个面；插穿面指的是型芯与型腔平面相切的两个面。

1. 动、定模中间通孔、通槽分型面装配

（1）装配前，须按工艺技术要求对需要倒角去毛刺的工件进行倒角，未注倒角为1×45°，保证不伤手，装配时具备导向作用。

（2）装配前，须清洁通孔、通槽镶件和装配相关零件。

（3）装配前，须检查通孔、通槽分型面（碰穿面、插穿面）零件加工是否达到图纸所规定的要求；通孔、通槽镶件装配松紧程度须适中，装拆方便，其配合

为过渡配合，装配间隙按镶件与模板装配间隙表执行。

（4）装配前，须检查动、定模通孔、通槽位置及各相关配合面尺寸是否达到图纸所规定的要求，零件加工时，通孔、通槽分型面（碰穿面、插穿面）位置须留单边 0.03～0.05mm 的装配余量。

2. 模具通孔、通槽分型面（碰穿面、插穿面）装配工艺要求

（1）装配时，动、定模通孔、通槽分型面（碰穿面、插穿面）零件应垫着铜棒压入，不能用铁棒直接敲打，并保持平稳压入，校正垂直度。

（2）装配时，不得损伤动、定模通孔、通槽分型面（碰穿面、插穿面）零件及镶件的分型面，镶件与模板松紧程度须适中，装拆方便。

（3）装配后，动、定模通孔、通槽分型面（碰穿面、插穿面）零件中心位置误差不得大于±0.02mm；装配好的模具的成型位置尺寸应符合装配图纸所规定的要求。

（4）装配时，动、定模通孔、通槽分型面（碰穿面、插穿面）位置的配合和主分型面配合相同，配合各面须均匀到位，红丹影印清晰，其间隙小于 0.03mm，避免各分型面漏胶产生溢边（披锋）。

（5）当配模红丹影印不均匀时，各通孔、通槽分型面（碰穿面、插穿面）配合须进行局部研配，通孔、通槽分型面（碰穿面、插穿面）的研配必须通过精密修配或精密加工完成，不能用砂轮机打磨等粗加工方法。对于通孔、通槽分型面（碰穿面、插穿面）达不到图纸精度要求的工件，装配钳工应该把它们退回机加工，不能擅自修改，需要钳工修改的工件必须经过技术人员的确认才可进行。

（6）装配后，动、定模通孔、通槽分型面（碰穿面、插穿面）各零件须做好标识，对称零件还要做好安装位置标识。

4.1.7 滑块装配工艺

1. 动、定模滑块结构装配工艺准备

（1）装配前，须按工艺技术要求去毛刺，注意避免封胶面修配出现圆角，非封胶面、非胶位面可进行倒角，未注倒角为 1×45°，保证不伤手。

（2）装配前，须清洁滑块和装配相关零件。

（3）装配前，须检查滑块零件加工是否达到图纸所规定的要求；滑块装配松紧程度须适中，封胶面配合严密，配合间隙小于该模具塑料材料溢边值 0.03mm；非封胶面配合滑动顺畅，装拆方便，其配合为间隙配合，滑动配合执行 G7/h7。

2. 动、定模滑块装配工艺要求

（1）装配时，先将滑块装配在动、定模滑动侧，先配封胶面，后配滑动面。

（2）装配好滑块在动、定模侧的各封胶面及各配合面后，再装配滑块在楔紧面一侧的配合面；先配楔紧块，再配斜导柱（或 T 形块），确定滑动行程后，配限位、复位零件。

（3）当滑块配合不均匀时，各滑块面配合须进行局部研配，侧孔封胶面的研配必须通过精密修配或精密加工完成，不能用砂轮机打磨等粗加工方法。对于侧孔封胶面达不到图纸精度要求的工件，装配钳工应该把它退回机加工，不能擅自修改，需要钳工修改的工件必须经过技术人员的确认才可进行。

（4）装配后，动、定模滑块各封胶面配合间隙小于该模具塑料材料溢边值0.03mm，避免各封胶面漏胶产生溢边（披峰）。

（5）装配后，动、定模滑块各滑动面配合按 G7/h7 间隙配合，滑动顺畅。

（6）装配后，动、定模滑块配合面须开设油槽，模具总装配时滑块各滑动面须加润滑黄油，才能保证滑动顺畅。

（7）装配后，动、定模滑块的滑动行程、限位、复位须达到图纸所规定的要求。油槽的开设按滑动面油槽开设表（见表 4-1-3）执行。

表 4-1-3　滑动面油槽开设表

油槽离封胶面的距离/mm	油槽与工件夹角/(°)	油槽间距/mm	油槽宽度/mm	油槽深度/mm
15～20	45	10～15	1～2	0.1～0.2

4.1.8　斜滑块、整体式斜导杆滑块的装配工艺

1. 动、定模斜导杆滑块（斜顶）的装配工艺准备

（1）装配前，须按工艺技术要求去毛刺，注意避免封胶面修配出现圆角，非封胶面、非胶位面可进行倒角，未注倒角为 1×45°，保证不伤手。

（2）装配前，须清洁斜导杆滑块（斜顶）和相关零件。

（3）装配前，须检查斜导杆滑块（斜顶）零件加工是否达到图纸所规定的要求；斜导杆滑块（斜顶）装配松紧程度须适中，封胶面配合严密，配合间隙小于0.03mm；滑动配合的滑动顺畅，装拆方便，其配合为间隙配合，滑动配合执行 G7/h7。

2. 动、定模斜导杆滑块（斜顶）装配工艺要求

（1）斜导杆滑块（斜顶）配合面加工必须通过磨削等精密加工，保证各配合面位置精度和尺寸精度，对斜导杆滑块（斜顶）配合面进行精加工，必须将其装在专用夹具上精密磨削。

（2）装配时，将斜导杆滑块（斜顶）装在模具滑动侧，先配封胶面，然后配导向滑动面，最后配斜导杆滑块（斜顶）连接端（斜导杆滑块长度）。

（3）当斜导杆滑块（斜顶）配合不均匀时，各斜导杆滑块（斜顶）配合须进行局部研配，各配合面的研配必须通过精密修配或精密加工完成，不能用砂轮机打磨等粗加工方法。对于斜导杆滑块（斜顶）配合面达不到图纸精度要求的工件，装配钳工应该把它退回机加工，不能擅自修改，需要钳工修改的工件必须经过技术人员的确认才可进行。

（4）装配时，动、定模斜导杆滑块（斜顶）各面及各相关配合面的配合须均匀到位，其配合为间隙配合，装配间隙按表 4-1-2 执行。

（5）斜导杆滑块（斜顶）各封胶面配合长度为 15～20mm，配合间隙小于该模具塑料材料溢边值 0.03mm，避免各分型面漏胶产生溢边（披峰）。

（6）装配后，斜导杆滑块（斜顶）滑动配合面须开设油槽，保证滑动顺畅，油槽的开设按滑动面油槽开设表执行。

4.1.9　浇注系统装配工艺

（1）模具的浇口套（唧咀）中心和定位环中心必须一致。

（2）模具的浇注通道必须畅通，主流道、分流道、冷料井、拉料杆装配须达到图纸所规定的要求。

（3）点浇口模具的分流道阶梯级位须均匀，不允许有倒扣，保证脱料顺畅。

（4）模具浇注系统的浇口形状尺寸对制件的质量影响很大，装配钳工加工浇口时，其形状尺寸必须达到图纸所规定的要求，不允许擅自修改侧浇口、点浇口、热流道模具的浇口，需要钳工修改的浇口必须经过技术人员的确认才可进行。

4.1.10　顶出系统装配工艺

（1）顶杆、顶管的布置必须达到图纸所规定的要求，装配钳工修改顶杆、顶管的位置必须经过技术人员的确认才可进行。

（2）顶杆、顶管与型芯的配合长度为 20～25mm，配合长度以外的孔径需要避空，单边避空 0.5mm，顶杆、顶管头部台阶柱高度尺寸须配合装配，保证顶杆、顶管台阶头部不能高出顶杆固定板的平面，一般低 0～0.05mm。对于安装在斜面、曲面、异型面的顶杆、顶管，其头部台阶柱需进行止转定位，通用方法：将头部台阶柱加工为腰形柱，相应的安装孔加工成腰形槽。

（3）顶板、顶块的顶杆导向要顺畅，顶出动作要平衡、协调。

（4）大型模具所使用的强行拉复位机构零件互换性强，高度方向尺寸必须一致，顶出、拉复位动作要平衡，装卸方便。

（5）杆复位、弹簧复位和限位必须通过模具顶出、复位动作来检验和验证，杆复位、弹簧复位安装应达到图纸所规定的要求。

4.1.11　冷却系统装配工艺

（1）冷却水道的布置必须达到图纸所规定的要求，装配钳工修改冷却水道的位置必须经过技术人员的确认才可进行。

（2）冷却系统水管接头安装必须达到图纸所规定的要求，匹配注塑机上水管接头，并在模具上明确标识进、出水连接方法，装拆方便。

（3）模具的各冷却水道必须经过 2MPa 水压 5～10min 的检验和验证，以确保冷却水道没有漏水、渗水以及水路不畅通等现象。

4.1.12　外设机构装配工艺

（1）先复位机构的安装须达到图纸所规定的要求，并通过模具开合动作来检验和验证先复位机构的实际效果，如果验证的效果达不到先复位的要求，钳工的修改必须经过技术人员的确认才可进行。

（2）模具的油缸、气缸的安装须达到图纸所规定的要求，并通过通油、通气来检验和验证油、气路是否畅通，以及行程、限位是否达到图纸所规定的要求。

（3）用拉板、链条来限制模具开合行程的外设机构，其安装须达到图纸所规定的要求，并保证各机构动作协调一致。

注塑模装配缺陷的产生原因和解决方法如表 4-1-4 所示。

表 4-1-4　注塑模装配缺陷的产生原因和解决方法

注塑模装配缺陷	产 生 原 因	解 决 方 法
模具开闭、顶出、复位动作不顺	1．模架导柱、导套滑动不顺，配合过紧 2．斜顶、顶针滑动不顺 3．复位弹簧弹力或预压量不足	1．修配或者更换导柱、导套 2．检查并修配斜顶、顶针配合 3．增加或者更换弹簧
模具与注塑机不匹配	1．定位环位置不对、尺寸过大或过小 2．模具宽度尺寸过大；模具高度尺寸过小 3．模具顶出孔位置、尺寸错误；强行拉复位孔位置、尺寸错误	1．更换定位环，调整定位环位置尺寸 2．换吨位大一级的注塑机；增大模具高度 3．调整顶出孔位置、尺寸；调整复位孔位置、尺寸
制件难填充、难取件	1．浇注系统有阻滞，流道截面尺寸太小，浇口布置不合理，浇口尺寸小 2．模具的限位行程不够，模具的抽芯行程不够，模具的顶出行程不够	1．检查浇注系统各段流道和浇口，修整有关零件 2．检查各限位、抽芯、顶出行程是否符合设计要求，调整不符合要求的行程
模具运水不通或漏水	1．模具运水通道堵塞，进、出水管接头连接方式错误 2．封水胶圈和水管接头密封性不够	1．检查冷却系统进、出水管接头连接方式及各段水道，修整有关零件 2．检查封水胶圈和水管接头，修整或更换有关零件
制件质量问题： 1．有飞边 2．有缺料 3．有顶白 4．有拖花 5．变形大 6．级位大 7．溶接线明显	1．配合间隙过大 2．走胶不畅，困气 3．顶针过小，顶出不均匀 4．斜度过小，有毛刺，硬度不足 5．注塑压力不均匀，产品形态强度不足 6．加工误差大 7．离浇口远，模温低	1．合理调整间隙及修磨工作部分分型面 2．局部加胶，加排气 3．加大顶针，均匀分布 4．修毛刺，加斜度，氮化 5．修整浇口，均匀压力，加强产品强度 6．重新加工 7．改善浇口，加高模温

4.1.13　电器安装工艺

（1）模具电器安装必须符合电器安全使用要求。

（2）模具电器安装须方便运输，并有防潮、防水等措施。

（3）模具电器电源插座、信号线接头安装在操作侧，方便操作使用。

（4）客户有特别的模具电器，须按客户要求安装电器。

作业单

项目四	模具装配、调试	任务1	模具装配
实践方式	小组成员动手实践， 教师巡回指导	计划学时	6

实践内容

填写项目四工作页中的计划单、决策单、材料工具单、实施单、检查单、评价单等。

学生任务：根据图 4-1-2 所示的模具装配流程图装配模具。

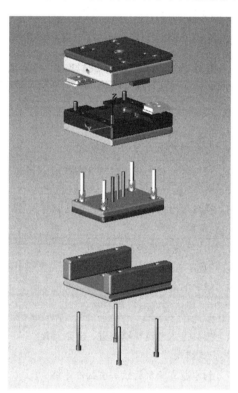

图 4-1-2　模具装配流程图

1. 小组讨论，共同制订计划，完成计划单。

2. 小组根据班级各组计划，综合评价方案，完成决策单。

3. 小组成员根据需要完成的工作任务，完成装配工具单。

4. 小组成员共同研讨，确定动手实践的实施步骤，完成实施单。

5. 小组成员根据实施单中的实施步骤，装配模具零件。

6. 检测小组成员装配好的模具，完成检查单。

7. 按照专业能力、社会能力、方法能力三方面综合评价每位学生，完成评价单。

班级		姓名		第　　组	日期	

项目四	模具装配、调试	任务 2	模具调试
任务学时	26		

布置任务

工作目标	1．通过注塑机的选择进行模具的调试。 2．通过注塑出来的产品对模具进行分析。

任务描述	根据图 4-2-1 所示的模具爆炸图调试模具。 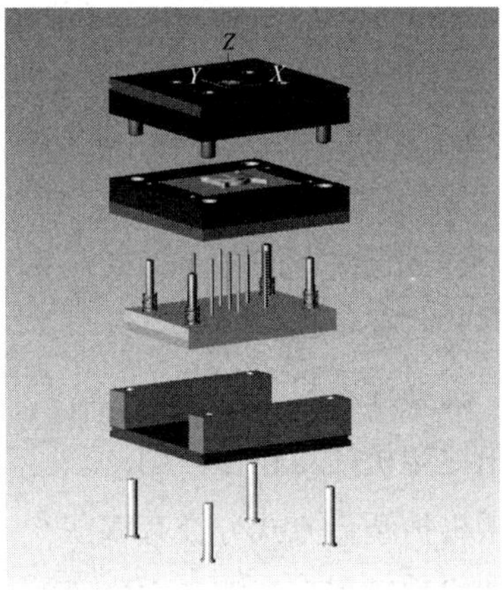 技术要求： 1．调试时间为 90min。 2．安全文明操作。 图 4-2-1　模具爆炸图

学时安排	获取信息 8 学时	计划 2 学时	决策 0.5 学时	实施 14 学时	检查 0.5 学时	评价 1 学时

提供资源	1．调试图样和工艺规程。 2．教案、课程标准、多媒体课件、调试视频、参考资料、模具调试工岗位技术标准等。 3．模具调试有关的工具和量具。

对学生的要求	1．调试时必须遵守安全操作规程，做到文明操作。 2．调试模具零件时要符合技术要求。 3．以小组的形式进行学习、讨论、操作、总结，每位学生必须积极参与小组活动，进行自评和互评；装配完成后，对自己的产品进行分析。

资讯单

项目四	模具装配、调试	任务2	模具调试
获取信息学时	8		
获取信息方式	观察事物、观看视频、查阅书籍、利用互联网及信息单查询问题、咨询教师		
获取信息问题	1. 模具验收要依据什么？ 2. 怎样选择注塑机？ 3. 画出注塑机的工作循环图。 4. 注塑机按塑化方式分类有哪些？ 5. 注塑成型过程包括哪三个阶段？ 6. 学生需要单独获取信息的问题……		
获取信息引导	1. 问题1可参考信息单4.2.1节的内容。 2. 问题2可参考信息单4.2.2节的内容。 3. 问题3可参考信息单4.2.2节的内容。 4. 问题4可参考信息单4.2.2节的内容。 5. 问题5可参考信息单4.2.3节的内容。		

任务2 模具调试 •••••

4.2.1 模具验收

交模一般是指模具制造方把模具加工完，并且在生产了少量样品（一般为200～500件）后，连带样品一起交付给客户（委托方），客户根据模具报价单对模具质量进行评估。注塑模验收主要从模具结构、制件质量及注塑工艺三个方面进行，如有不符，应当让模具加工制造方返工，确保模具能正常投入生产，并生产出质量合格的制件，满足产品设计的要求。

1．模具结构

1）模具材料

（1）模架各模板材料应选用35钢材或以上等级的钢材。

（2）导柱、导套和复位杆等所用材料的表面硬度不低于60HRC。

（3）生产ABS、HIPS料时型腔及型腔镶件要用718、M238等钢材；型芯用MUP、M202等钢材，型芯镶件用1050～1055钢材或材质更好的钢材。

（4）生产PC、POM、PE等腐蚀性材料型芯、型腔及其镶件均需用S136、M300、M310等钢材。

（5）生产镜面模具所用的钢材为136、M300、M310等钢材。

（6）斜导杆滑块、摆杆的表面硬度不小于35HRC，推板的表面硬度不小于30HRC。

（7）如果客户指定了模具钢材，模具加工制造方应满足客户的要求。

2）模具应具备的结构

（1）模具标识：模架外应按客户要求打上文字。模胚内应在客户指定位置打上P/N号、制件牌号，一模多腔应打上模腔号，多镶件应按设计要求打上镶件编号。

（2）模具应安装合适的定位圈，并开标准锁模槽。

（3）细水口三板模应安装扣锁并加螺钉，以及应安装拉料钩及支承板。

（4）动模座板应开合格的顶出孔，孔位置、数量应符合顶出平衡要求。

（5）模具顶杆板应装复位弹簧，合模时，定模板应先接触复位杆。

（6）侧抽芯结构。

① 滑块运动应顺畅，接触面应开油槽。

② 滑块上应安装使滑块弹出的弹簧，并安装限位装置。

③ 斜滑块的推出高度不能超过导滑槽长度的2/3。

（7）顶出机构。

① 顶杆设置应使胶件脱模时不产生永久变形、顶白，不影响胶件外观。

② 顶杆机构应保证灵活、可靠，不发生错误动作。

③ 顶杆、顶管顶出面非平面时，顶杆、顶管应做定位。

（8）动模座板上应均匀设置限位钉，限位钉高度应一致。

（9）长、宽都为 450mm 或以上的极大模具在推板中间应加设导柱和导套；一套模中顶管的数量达到或超过 16 时也应增设导柱和导套。

（10）流道直径、长度加工应合理，在保证成型质量的前提下尽量缩短流程，减少断面积以缩短填充及冷却时间，同时浇注系统损耗的塑料应最少，流道末端一般应设置冷料井。

（11）浇口设置应合理，应使各型腔同时注满，应不影响胶件外观，满足制件装配，在生产允许的条件下尽量做到浇口残留量最少。

（12）冷却系统。

① 冷却水道设置应使模具成型表面各部分温差在 10℃ 之内。

② 冷却水道出、入孔位置不影响安装，水嘴大小为 13mm。

③ 在型腔表面大的镶件、斜滑块等一般应通入冷却水。

④ 模具冷却水道应不漏水，并在流道出、入口标有 "OUT" 和 "IN" 字样，若是多组运水流道还应加上组别号。

（13）在型腔产生较大包紧力的部位，应在对应的动模型芯部位均匀增加勾针或扣位等，以防止制件黏在型腔上。

（14）模具应当开设合理的排气槽。

（15）螺钉柱胶位高度超过 20mm 时应使用顶管顶出。

（16）模具应根据强度要求均匀分布支承块，以防模具变形。

（17）模具型腔应力中心应尽量与模具中心一致，其型腔中心最多不超过模具中心的 25%。

（18）分型面为单向斜面及大型深型腔等模具，分型面应设可靠的锥面定位装置。

3）模具不允许的结构

（1）除复位杆外，顶杆不允许与型腔接触。

（2）模具开、合模时不允许有异常响声。

（3）型腔边缘 5mm 范围内不允许红丹测试不到，并且分型面红丹测试不允许低于 80%。

（4）所有紧固螺钉不允许松动。

（5）所有勾针不允许出现不同方向的现象。

（6）制件不允许有黏模现象。

（7）模具不允许有顶出不平衡现象。

（8）模具装配不允许漏装或装错零件。

2．制件质量

1）基本尺寸

（1）制件的几何形状、尺寸大小精度应符合图纸（或 3D 文件）的要求。

（2）面板与底盖止口配合要求配合面的错位小于 0.1 mm，没有刮手现象。

2）生产制件的原料

生产制件的原料应符合对应的要求。

3）制件的表面缺陷

制件的表面缺陷如充胶不齐（或缺料、滞水）、烧焦、顶白（顶裂）、白线、有溢边（披峰）、气泡、拉白（或拉裂、拉断）、局部的熔接痕、收缩、变形等，需要在一定的范围内可以被接受。制件表面缺陷可接受的程度如表 4-2-1 所示。

表 4-2-1　制件表面缺陷可接受的程度

序号	缺陷名称	可接受的程度
1	熔接痕	①熔接痕强度能通过功能安全测试。②一般通孔熔接痕的长度不大于 15mm，圆喇叭孔熔接痕的长度不大于 5mm。③多进胶口融合处熔接痕的长度不大于 20mm。④手腕处熔接痕不在手腕的中间或受力位置。⑤柱位对应的制件外表面无熔接痕。⑥表面火花纹的按键支架无熔接痕。⑦制件内部若有熔接痕，只要有足够强度就允许存在
2	收缩	①在制件表面不明显位置允许有轻微缩水（手感觉不到凹痕）。②制件内部在尺寸允许下可有轻微缩水。③制件非外观面不影响尺寸、强度足够的收缩不受限制
3	拖白	①制件表面有火花纹或修饰纹时，侧面允许有轻微拖白，并能用研磨膏加工消除。②高光面制件的外表面不能有拖白
4	变形	①较大型底壳支承脚的变形量（翘曲）小于 0.3mm。②制件变形能通过后处理消除得到控制。③除上述两条外，胶件无变形
5	气纹	①对于 PE、PA、PVC、PC 等胶料的制件，进胶位允许有轻微气纹。气纹不能突出水口 3.0mm。②对公仔类壁厚较大且不均匀的胶件，进胶位及雕刻凸出位允许有轻微气纹。③除上述两条外，胶件表面无气纹
6	黄气	①较大型且进胶口在中间的底壳，进胶附近允许有轻微黄气，黄气程度应不影响胶件本色，只轻微改变颜色深度。②除上述情况外，胶件无黄气
7	水口残余物	①制件进胶位置及残余物在装配时无干涉现象。②进胶位无明显残留痕，潜伏式浇口无辅助进胶块。③制件装配后的外观面无浇口痕迹
8	蛇纹	①制件装配后的外观面无蛇纹。②制件内表面或装配后的非外观面在不能改善的情况下允许有蛇纹
9	尖、薄胶位	除琴键等胶件允许有特别设计的尖、薄胶位外，其他胶件无尖、薄胶位

4）制件的表面修饰

（1）高光面要求平整，外表面不允许有划痕、锈迹、斑点等缺陷。

（2）表面饰纹要求纹路符合设计，均匀且侧面与表面一致，互配件要求纹路一致。

（3）表面字体要求高度符合设计，均匀一致，字体宽度、大小、密度、字数、位置符合菲林要求。

（4）透明制件的型芯面一般需抛光，无明显火花纹及加工刀痕，特殊要求的除外。

3. 注塑工艺

（1）模具在一定的注塑工艺条件范围内，应具有生产的稳定性和工艺参数调校的可重复性。

（2）模具在生产制件时，注塑压力一般不应超过注塑机额定最大注塑压力的80%。

（3）生产制件时，3/4 行程的注塑速度不低于额定最大注塑速度的 10%或不超过额定最大注塑速度的 90%。

（4）模具在生产制件时的保压压力一般不超过实际最大注塑压力的 85%。

（5）模具在生产制件时，锁模力不应超过适用机型额定锁模力的 90%。

（6）在生产过程中，制件及流道凝料的取出要容易、安全（时间一般各不超过 2s）。

（7）在生产带金属或其他镶件的制品时，镶件的安装、固定要可靠。

4.2.2 注塑机的选用及成型参数

1．注塑机的基本组成

一台通用型注塑机主要包括下列部件，通用型注塑机的组成如图 4-2-2 所示。

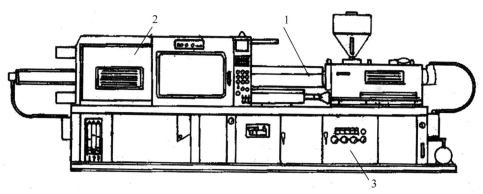

1—注塑装置；2—合模装置；3—液压传动及电气控制系统

图 4-2-2 通用型注塑机的组成

（1）注塑装置：主要作用是使塑料均匀地塑化熔融，并以足够的压力和速度将一定量的熔料注入模具的型腔中。它主要由塑化部件（螺杆、机筒、喷嘴等）、料斗、计量装置、传动装置、注塑和注塑座移动油缸等组成。

（2）合模装置：主要作用是实现模具的启闭动作，保证成型模具的可靠闭合，以及脱出制品。它主要由前后固定模板、移动模板、连接前后模板用的拉杆、合模油缸、移模油缸、连杆机构、调模装置、制品顶出装置和安全门等组成。

（3）液压传动及电气控制系统：主要作用是保证注塑机按工艺过程预定的要求（压力、速度、温度、时间）和动作程序准确无误地进行工作。液压传动系统主要由各种液压元件和回路、其他附属装置等组成。电气控制系统主要由各种电气仪表、微机控制系统等组成。液压传动系统和电气控制系统有机地组织在一起，为注塑机提供动力和实现控制。

2．注塑机的工作过程

各种注塑机完成注塑成型的动作程序可能不完全一致，但所要完成的工艺内容即基本工序是相同的。现以螺杆式注塑机为例予以说明，注塑成型过程如图 4-2-3 所示。

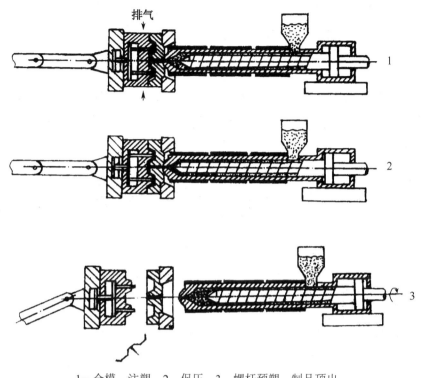

1—合模，注塑；2—保压；3—螺杆预塑，制品顶出

图 4-2-3　注塑成型过程

注塑机的成型周期一般从模具开始闭合时算起。模具首先以低压快速地进行闭合，当动模与定模快要接近时，合模机构的动力系统自动切换成低压（即低合模压力）、低速，在确认模内无异物存在且嵌件没有松动后，再切换成高压而将模具锁紧。

在确认模具达到所要求的锁紧程度后，注塑座前移，使喷嘴和模具流道口贴合，继而就可向注塑油缸中充入压力油，与油缸活塞杆相接的螺杆则以要求的高压、高速将头部的熔料注入模具型腔中。此时螺杆头部作用于熔料上的压力即注塑压力（一次压力）。当熔料充满模腔后，螺杆仍对熔料保持一定的压力，以防止模腔中熔料的反流，并向模腔内补充因冷却作用而使熔料收缩所需要的物料，从而保证制品的致密性、一定的尺寸精度、良好的力学性能。此时螺杆作用于熔料上的压力称为保压压力（二次压力）。在保压时螺杆因补缩而有少量的前移。

当保压进行到模腔内的熔料失去从浇口回流的可能性时（即浇口凝封），即可卸压，制品在模腔内继续冷却定型。与此同时，螺杆在螺杆传动装置的驱动下转动，从料斗落到料筒中的塑料随着螺杆的转动沿着螺杆向前输送。在这一输送过程中物料被逐渐压实，在机筒外加热和螺杆摩擦热的作用下，物料逐渐熔融塑化最后呈黏流态，并建立起一定的压力。由于螺杆头部熔料压力的作用，螺杆在转动的同时发生后移，螺杆在塑化时的后移量表示了螺杆头部所积累的熔料体积量。当螺杆回退到计量值时，螺杆即停止转动，准备下一次注塑。制品冷却与螺杆塑化在时间上通常是重叠的，这是为了缩短成型周期。在一般情况下，要求螺杆塑化的计量时间少于制品的冷却时间。

螺杆塑化计量结束后，为使喷嘴不长时间和冷的模具接触而形成冷料，有些塑料品种需要将喷嘴撤离模具，即注塑装置后退（根据物料可选择）。模腔内的制品经冷却定型后，合模机构即开模，在顶出装置作用下顶出制品。

3．注塑机的分类

按时间先后顺序，可绘制出注塑机工作过程的循环图，如图 4-2-4 所示。注塑机可按塑化方式、加工能力、注塑合模机构特征、外形特征、液压和电气控制的特点进行较详细的分类。

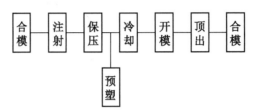

图 4-2-4　注塑机工作过程的循环图

1）按塑化方式分类

注塑机按塑化方式分为螺杆式注塑机和柱塞式注塑机。

（1）螺杆式注塑机。螺杆式注塑机物料的熔融塑化及注塑都是由螺杆完成的。XS-ZY-500 注塑机如图 4-2-5 所示，它是目前产量最大，应用最广泛的注塑机。

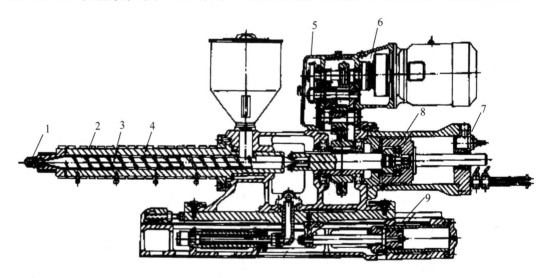

1—喷嘴；2—加热器；3—推杆；4—机筒；5—齿轮箱；6—离合器；
7—背压阀；8—注塑缸活塞；9—整体移动缸活塞

图 4-2-5　XS-ZY-500 注塑机

（2）柱塞式注塑机。柱塞式注塑机通过柱塞依次将落入机筒的颗粒状物料推向机筒前端的塑化室，依靠机筒外加热器提供的热量使物料塑化，呈黏流态的物料被柱塞推挤到模腔中。柱塞式注塑机如图 4-2-6 所示。

2）按加工能力分类

一台通用型注塑机的成型能力主要是由合模力和注塑能力决定的，按注塑能力有大、中、小型之分。按加工能力分类如表 4-2-2 所示。

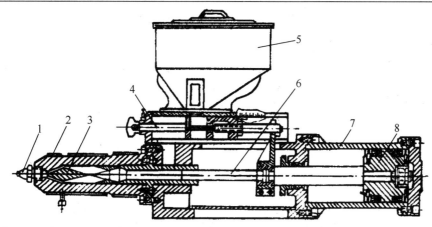

1—喷嘴；2—加热器；3—分流梭；4—计量装置；5—料斗；6—柱塞；7—注塑油缸；8—注塑活塞

图 4-2-6　柱塞式注塑机

表 4-2-2　按加工能力分类

类　　型	合模力/kN	理论注塑量/cm²
超小型	160 以下	16 以下
小型	160～2000	16～630
中型	2500～4000	800～3150
大型	5000～12500	4000～10000
超大型	16000 以上	16000 以上

3）按注塑合模机构特征分类

注塑机按注塑合模机构特征可分为机械式、液压式和液压机械式。

（1）机械式。机械式注塑机即全机械式合模机构，如图 4-2-7 所示，从机构的动作到合模力的产生和保持均由机械传动来完成。

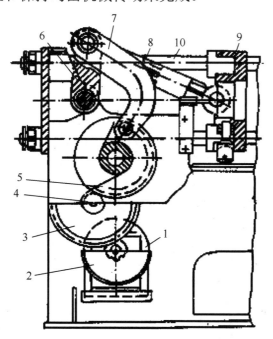

1—电动机；2—减速器；3、4—齿轮；5—扇形齿轮；6—曲肘；7—构件；8—连杆；9—动模板；10—拉杆

图 4-2-7　全机械式合模机构

早期生产的全机械式合模机构由于合模速度与合模力的调整比较困难且复

杂，以及运动链长、惯性和噪声大，再加上制造维修困难，现在已很少见了。但近年来，随着机械制造业和电子业的发展，零件的加工精度得到了提高，出现了一些新型零件可用在注塑机上，使得全机械式合模机构得以发展。新一代机械式注塑机已显示出省能、噪声低、清洁、操作维修方便的特点。

（2）液压式。液压式注塑机即全液压式合模机构，从机构的动作到合模力的产生和保持均由液压传动来完成。单缸直压式合模装置如图4-2-8所示。

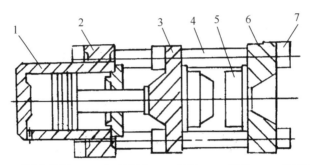

1—合模油缸；2—后固定模板；3—移动模板；4—拉杆；5—模具；6—前固定模板；7—拉杆

图4-2-8　单缸直压式合模装置

液压式注塑机具有液压传动的一些优缺点：能较方便地实现移模速度、合模力的调节变换，工作安全可靠，噪声低；但易引起泄漏和压力波动，系统液压刚性较软等。液压式注塑机在大、中、小型注塑机上都得到了广泛应用。

（3）液压机械式。液压机械式注塑机即合模机构为液压和机械相联合的传动形式，因此兼有以上两者的优缺点。它以压力产生初始运动，再通过曲肘连杆机构进行运动，使力得到放大，并利用自锁特征来达到平稳、快速合模的目的。液压单曲肘合模装置如图4-2-9所示。

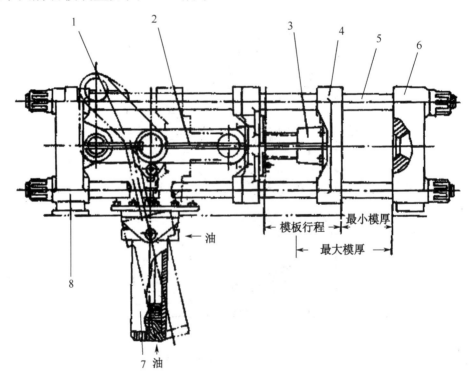

1—肘杆；2—定出杆；3—调距螺母；4—移动模板；5—拉杆；6—前固定模板；7—合模油缸；8—后固定模板

图4-2-9　液压单曲肘合模装置

4）按外形特征分类

注塑机根据外形特征可分为立式、卧式、直角式，以卧式为主。

（1）立式。立式注塑机的注塑装置与合模装置的轴线呈一线垂直排列，如图 4-2-10（a）所示。

（2）卧式。卧式注塑机的注塑装置与合模装置的轴线呈一线水平排列，如图 4-2-10（b）所示。这是目前使用最广、产量最大的注塑机。与立式注塑机相比，其机体较低，容易操作和加料；制件顶出模具后可自动坠落，故易实现全自动操作；机床重心较低，安装稳妥，一般大中型注塑机均采用这种形式。其缺点：模具安装比较麻烦，嵌件放入模具有倾斜或落下的可能，占地面积较大。

（3）直角式。直角式注塑机的注塑装置与合模装置的轴线相互呈垂直排列，如图 4-2-10（c）所示。它的优点：结构简单便于自制，适用于单件生产，中心部位不允许留有浇口痕迹的平面制件。缺点：制件自模具中顶出后不能靠重力下落，需靠人工取出，有碍于全自动操作。它的占地面积介于立式、卧式两者之间。

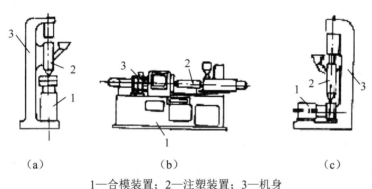

（a）　　　　　（b）　　　　　（c）

1—合模装置；2—注塑装置；3—机身

图 4-2-10　注塑机

4．注塑机的规格及主要技术参数

目前，注塑机的规格尚无统一标准，有的以注塑量为主参数，有的以锁模力为主参数，但国际上趋于用锁模力/注塑量来表示注塑机的主要特征。这里所指的注塑量是指在注塑压力为 100MPa 时的理论注塑量。

（1）合模力表示：用注塑机的最大锁模力参数来表征机器的型号规格。

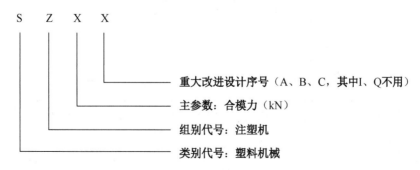

S　Z　X　X

重大改进设计序号（A、B、C，其中I、Q不用）

主参数：合模力（kN）

组别代号：注塑机

类别代号：塑料机械

（2）我国一些老式注塑机用注塑量表示：用注塑机的理论注塑量参数来表征机器的型号规格。

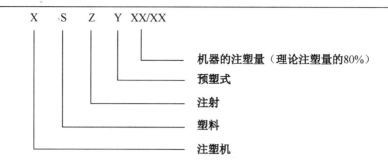

我国轻工部标准规定：用 SZ-理论注塑量/合模力表示法来表示注塑机的型号。

注塑机应具有较完整的技术参数，以供用户选择和使用。注塑机的主要技术参数包括注塑、合模、综合性能三个方面，如公称注塑量、螺杆直径及有效长度、注塑行程、注塑压力、注塑速度、塑化能力、合模力、开模力、开模/合模速度、开模行程、模板尺寸、推出行程、推出力、空循环周期、机器的功率、体积和质量等。

5. 注塑机有关工艺参数的校核

1）最大注塑量的校核

塑件的质量（或体积）必须与所选择注塑机的最大注塑量相适应，不然会影响塑件的产量和质量。若注塑量过大，注塑机的利用率降低，浪费电能，而且可能导致塑料分解。而最大注塑量小于塑件的质量，会造成塑件的形状不完整或内部组织疏松、塑件强度下降等缺陷。为了保证正常的注塑成型，注塑机的最大注塑量应稍大于塑件所需的注塑量（包括流道凝料和飞边），表 4-2-3 展示了部分 XS-Z、XS-ZY 系列注塑机的主要技术参数。通常注塑机的实际注塑量最好在注塑机的最大注塑量的 80%以内。

表 4-2-3　几种注塑机的主要技术参数

项　　目	XS-Z 30/25	XS-Z 60/50	XS-ZY 60/40	XS-ZY 125/90	XS-ZY 250/180	XS-ZY 250/160	XS-ZY 350/250
螺杆直径/mm	30	40	35	42	50	50	55
注塑量/cm³	30	60	60	125	250	250	350
注塑质量/g	27	55	55	114	228	228	320
注塑压力/MPa	116	120	135	116	147	127	107
注塑速率/（g/s）	38	60	70	72	114	134	145
塑化能力/（kg/h）	13	20	24	35	55	55	70
注塑方式	柱塞式	柱塞式	螺杆式	螺杆式	螺杆式	螺杆式	螺杆式
锁模力/kN	250	500	400	900	1800	1600	2500
移模行程/mm	160	180	270	300	500	350	260
拉杆间距/mm	2335	190×300	330×300	260×290	295×373	370×370	290×368
最大模厚/mm	180	200	250	300	350	400	400
最小模厚/mm	60	70	150	200	200	200	170
合模方式	肘杆	肘杆	液压	肘杆	液压	肘杆	肘杆
顶出行程/mm	140	160	70	180	90	220	240
顶出力/kN	12	15	12	15	28	30	35
定位孔径/mm	55	55	80	100	100	100	125

续表

项　目	XS-Z 30/25	XS-Z 60/50	XS-ZY 60/40	XS-ZY 125/90	XS-ZY 250/180	XS-ZY 250/160	XS-ZY 350/250
喷嘴移出量/mm	10	10	20	20	20	20	20
喷嘴球半径/mm	10	10	10	10	18	18	18
系统压力/MPa	6	6	14.2	6	6	6.8	6

当塑料注塑机的最大注塑量以最大注塑容积标定时，按式（4-1）进行校核：

$$KV_0 \geqslant V = \sum_{i=1}^{n} V_i + V_{浇} \tag{4-1}$$

式中　K——塑料注塑机最大注塑量的利用系数，一般取 0.8；

　　　V_0——塑料注塑机的最大注塑容积（cm^3）；

　　　V——塑件的体积（包括塑料制品、浇道凝料和飞边）（cm^3）；

　　　V_i——一个塑件的体积（cm^3）；

　　　n——型腔数；

　　　$V_{浇}$——浇注系统凝料的体积（cm^3）。

因塑料的体积与压缩比有关，故所需的塑料体积为

$$V_{料} = K_{压} V \tag{4-2}$$

式中　$K_{压}$——压缩比，$K_{压}$可查表 4-2-4；

　　　$V_{料}$——塑料的体积（cm^3）。

把注塑机的最大注塑容积换算为最大注塑质量时，其值为

$$m_0 = FV_0 \tag{4-3}$$

式中　F——在料筒温度和压力下熔融塑料的密度。

$$F = C\rho$$

式中　ρ——塑料在常温下的密度（g/cm^3），可查表 4-2-4；

　　　C——在料筒温度下塑料体积膨胀的校正系数（未考虑压力的影响），对于结晶型塑料，$C \approx 0.85$，对于非结晶型塑料，$C \approx 0.93$。

同理，如果注塑机以最大注塑质量标定，按式（4-4）进行校核：

$$Km_0 \geqslant m = \sum_{i=1}^{n} m_i + m_{浇} \tag{4-4}$$

式中　m_0——注塑机最大注塑质量（g）；

　　　m——塑件的总质量（g）；

　　　m_i——一个塑件的质量（g）；

　　　n——型腔数；

　　　$m_{浇}$——浇注系统的质量（g）。

在以上计算中，注塑机的最大注塑量是以成型聚苯乙烯为标准规定的。由于各种塑料的密度和压缩比不同，所以实际最大注塑量是随着塑料种类的不同而不同的。当注射其他塑料时，最大注塑量为

$$m_0' = m_0 \frac{\rho}{\rho_0} \tag{4-5}$$

式中　m_0'——其他塑料的最大注塑量（g）；

m_0——注塑机规定的最大注塑量（g）；

ρ_0——聚苯乙烯的密度；

ρ——其他塑料的密度。

实践证明，塑料密度和压缩比对最大注塑量的影响不大，一般可以不考虑。常用热塑性塑料的密度和压缩比如表 4-2-4 所示。

表 4-2-4　常用热塑性塑料的密度和压缩比

塑料名称	密度 ρ/(g/cm³)	压缩比 $K_{压}$	塑料名称	密度 ρ/(g/cm³)	压缩比 $K_{压}$
高压聚乙烯	0.91～0.94	1.84～2.30	尼龙	1.09～1.14	2.00～2.10
低压聚乙烯	0.94～0.97	1.73～1.91	聚甲醛	1.40	1.80～2.00
聚丙烯	0.90～0.91	1.92～1.96	ABS	1.00～1.10	1.80～2.00
聚苯乙烯	1.04～1.06	1.90～2.15	聚碳酸酯	1.20	1.75
硬聚氯乙烯	1.35～1.45	2.30	乙酸纤维素	1.24～1.34	2.40
软聚氯乙烯	1.16～1.35	2.30	聚丙烯酸酯	1.17～1.40	1.90～2.40

2）注塑压力的校核

注塑压力校核是指校核注塑机的最大注塑压力能否满足塑件成型的需要。注塑机的最大注塑压力应稍大于塑件成型所需要的注塑压力，即

$$K_{安}p_0 \geqslant p \tag{4-6}$$

式中　p_0——注塑机的最大注塑压力（MPa）；

p——塑件成型所需的注塑压力（MPa）；

$K_{安}$——安全系数，一般取 0.8。

3）锁模力的校核及型腔数的确定

（1）锁模力的校核。锁模力又称为合模力，是指注塑机的合模机构对模具所能施加的最大夹紧力。当熔体充满型腔时，注塑压力在型腔内所产生的作用力总是力图使模具沿分型面胀开，为此，注塑机的锁模力必须大于型腔内熔体压力与塑件及浇注系统在分型面上的投影面积之和的乘积，即

$$K_{安}F_0 \geqslant F = p_{模}A_{分} \tag{4-7}$$

式中　F_0——注塑机的公称锁模力（N）；

$p_{模}$——模内的平均压力（型腔内的熔体平均压力），如表 4-2-5 所示；

F——注塑压力作用于型腔内所产生的作用力；

$A_{分}$——塑件、流道、浇口在分型面上的投影面积之和（mm²）；

$K_{安}$——安全系数，一般取 0.9。

表 4-2-5　模内的平均压力

制品特点	模内的平均压力 $p_{模}$/MPa	举　例
容易成型制品	24.5	PE、PP、PS 等壁厚均匀的日用品、容器类制品
一般制品	29.4	在模温较高时，成型薄壁容器类制品
中等黏度的塑料和有精度要求的制品	34.3	ABS、PMMA 等有精度要求的工程结构件，如壳体、齿轮等
加工高黏度塑料、高精度、充模难的制品	39.2	用于机器零件上高精度的齿轮或凸轮等

在注塑成型过程中，型腔内熔体压力的大小及其分布与很多因素有关，如塑料流动性、注塑机类型、喷嘴形式、模具流道阻力、注塑压力、保压压力与保压时间、熔体温度、模具温度、注塑速度、塑件壁厚与形状、流程长度、浇口形式及大小等。因此，几种压力损耗系数的变化很大，很难确定，在实际设计中，可用模内平均压力来校核。

（2）型腔数的确定。模具的型腔数可根据塑件的产量、精度、模具制造成本，以及所选用注塑机的最大注塑量和锁模力等因素确定。小批量生产，采用单型腔模具；大批量生产，宜采用多型腔模具。当塑件尺寸较大时，型腔数将受所选用注塑机允许最大成型面积和注塑量的限制。由于多型腔模的各个型腔的成型条件及熔体到达各型腔的流程难以取得一致，所以塑件精度较高时，一般采用单型腔模具。如果采用多型腔注塑模，则应根据所选用注塑机的主要参数来确定型腔数 n。

按注塑机的最大注塑量确定型腔数，可按式（4-8）计算：

$$n=\frac{K_{安}m_0-m_{浇}}{m_i} \tag{4-8}$$

式中　n —— 型腔数量；

　　　$m_{浇}$ —— 一个模具浇注系统中的凝料质量（g）；

　　　m_i —— 一个制件的质量（g）；

　　　$K_{安}$、m_0 同上。

4）模具与注塑机合模部分相关尺寸的校核

设计模具时应加以校核的主要参数有喷嘴尺寸、定位圈尺寸、模具最大厚度和最小厚度、模板规格与拉杆间距、安装螺孔尺寸等。

（1）喷嘴尺寸。图 4-2-11（a）所示的塑料注塑成型模具主流道衬套的小端孔径 D 和球面半径 R 要与塑料注塑机喷嘴前端孔径 d 和球面半径 r 满足下列关系：

$$R=r+(1\sim2)\,\text{mm}$$
$$D=d+(0.5\sim1)\,\text{mm}$$

保证注塑成型时在主流道衬套处不形成死角，无熔料积存，并便于主流道凝料的脱模。图 4-2-11（d）所示的关系是错误的。

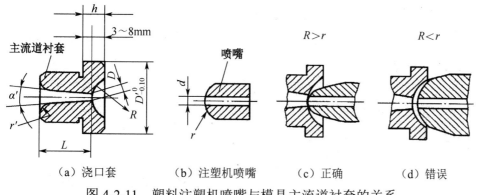

（a）浇口套　　　（b）注塑机喷嘴　　　（c）正确　　　（d）错误

图 4-2-11　塑料注塑机喷嘴与模具主流道衬套的关系

（2）定位圈尺寸。注塑机喷嘴与主流道衬套按 H9/f9 配合实现定位，以保证模具主流道的轴线与注塑机喷嘴的轴线重合，否则将产生溢料并造成流道凝料脱模困难。对于定位圈的高度，小型模具的高度为 8～10mm，大型模具的高度为 10～15mm。

（3）模具最大厚度和最小厚度。各种规格的注塑机可安装模具的最大厚度和最小厚度一般都有限制（国产机械合模的直角式注塑机的最小厚度无限制），所设计的模具闭合厚度必须在最大厚度与最小厚度之间，模具闭合厚度与注塑机允许模具厚度的关系如图 4-2-12 所示，即应满足下列关系：

$$H_{max}=H_{min}+L \tag{4-9}$$

$$H_{min} \leqslant H \leqslant H_{max} \tag{4-10}$$

式中　H——模具闭合厚度（mm）；

H_{min}——注塑机允许的模具最小厚度（mm）；

H_{max}——注塑机允许的模具最大厚度（mm）；

L——注塑机在模厚方向上长度的调节量（mm）。

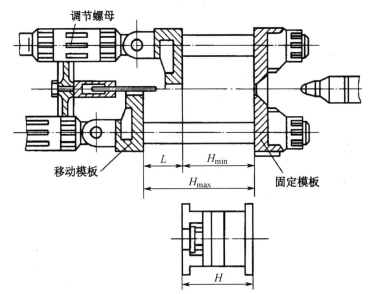

图 4-2-12　模具闭合厚度与注塑机允许模具厚度的关系

若 H 大于 H_{max}，则模具无法锁紧或影响开模行程，尤其是以液压肘杆式机构合模的注塑机，其肘杆无法撑直，这是不允许的。若 H 小于 H_{min}，则可采用垫板来调整，以使模具闭合。

（4）模板规格与拉杆间距。模具的模板规格应不超出注塑机的模板规格，也就是模具的长和宽不得超出工作台面的尺寸。通常，模具是从注塑机上方直接吊装进入机内，或者从注塑机的侧面推入机内安装的。模具的模板规格与拉杆间距的关系如图 4-2-13 所示。由图可知，模具的外形尺寸受到拉杆间距的限制。图 4-2-13（c）所示的情况是，当模具厚度比拉杆间距尺寸小，且装入注塑机内后还能够旋转（转到图示位置）时，才能安装。

（5）安装螺孔尺寸。模具的定模部分安装在注塑机的固定模板上，动模部分安装在注塑机的移动模板上。模具的安装固定形式有两种，图 4-2-14（a）所示的是用压板固定模具，这种固定形式方便、灵活，应用最广泛。图 4-2-14（b）所示的是用螺钉固定模具，这时模具座板上孔的位置和尺寸应与注塑机模板上的安装螺孔完全吻合，否则无法固定。对于螺钉和压板的数目，动、定模各用2～4个。

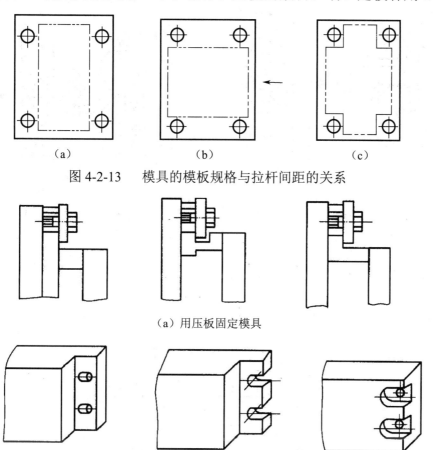

图4-2-13　模具的模板规格与拉杆间距的关系

（a）用压板固定模具

（b）用螺钉固定模具

图4-2-14　模具的安装固定形式

5）开模行程的校核

塑料注塑机的开模行程是有限的，开模行程应该满足分开模具取出塑件的需要。因此，塑料注塑机的最大开模行程必须大于取出塑件所需的开模行程。开模行程的校核分为下面几种情况。

（1）注塑机最大开模行程与模具厚度无关。

这里涉及的注塑机主要是指液压机械联合作用的合模机构的注塑机。XS-Z-30、XS-Z-60、XS-ZY-125、XS-ZY-350、XS-ZY-500、XS-ZY-1000和G54-S200/400等的开模行程大小由连杆机构（或移动缸）的最大冲程决定，与模具厚度无关。

单分型面模具开模行程（见图4-2-15）可按式（4-11）校核：

$$S \geqslant H_1 + H_2 + (5 \sim 10)\,\text{mm} \tag{4-11}$$

式中　S——注塑机的最大开模行程（移动模板行程）；

　　　H_1——塑件的推出距离（mm）；

　　　H_2——塑件的总高度（mm）。

双分型面模具开模行程（见图4-2-16）需要增加取出浇注系统凝料时，定模座板与中间板的分离距离a，此时，可按式（4-12）校核：

$$S \geqslant H_1 + H_2 + a + (5 \sim 10)\,\text{mm} \tag{4-12}$$

式中　a——取出浇注系统凝料所需的定模座板与中间板的分离距离。

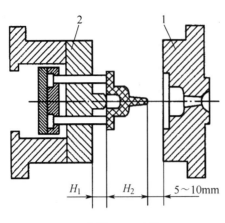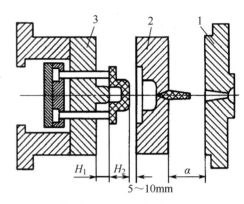

1—定模；2—动模

图 4-2-15　单分型面模具开模行程的校核

1—定模；2—流道板；3—动模

图 4-2-16　双分型面模具开模行程的校核

塑件推出距离 H_1 一般等于型芯高度，但对于内表面为阶梯形的塑件，有时不必推到型芯的全部高度就可以取出塑件，塑件内表面为阶梯形时开模行程的校核如图 4-2-17 所示，这时 H_1 可以根据具体情况而定，以能顺利取出塑件为宜。

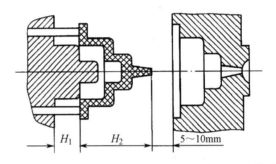

图 4-2-17　塑件内表面为阶梯形时开模行程的校核

（2）注塑机的最大开模行程与模具厚度有关。

这里涉及的注塑机主要是指全液压合模机构的注塑机，如 XS-ZY-250 和机械合模的 SYS-45、SYS-60 等直角式注塑机，其移动模板和固定模板之间的最大开距 S_0 减去模具闭合厚度 H 等于注塑机的最大开模行程 S（即 $S=S_0-H$）。注塑机开模行程与模具厚度有关时开模行程的校核如图 4-2-18 所示。

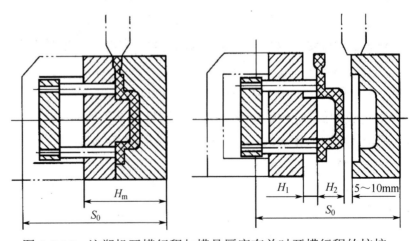

图 4-2-18　注塑机开模行程与模具厚度有关时开模行程的校核

单分型面模具的开模行程可按式（4-13）校核：

$$S_0 \geq H + H_1 + H_2 + (5 \sim 10) \, \text{mm} \qquad (4\text{-}13)$$

式中　S_0——固定模板与移动模板之间的最大开距。

同理，双分型面模具的开模行程可按式（4-14）校核：

$$S_0 \geq H + H_1 + H_2 + \alpha + (5 \sim 10) \, \text{mm} \qquad (4\text{-}14)$$

（3）模具有侧向抽芯时开模行程的校核。

有的模具侧向分型或侧向抽芯是利用注塑机的开模动作，通过斜导柱（或齿轮、齿条等）分型抽芯机构来完成的。这时所需的开模行程必须根据侧向分型抽芯机构抽拔距离的需要和塑件高度、推出距离、模厚等因素来确定。图 4-2-19 所示的斜导柱侧向抽芯机构，完成侧向抽芯距离 S_c 所需要的开模行程为 H_4，当 H_4 大于 H_1 与 H_2 之和时，开模行程按式（4-15）校核：

$$S \geq H_4 + (5 \sim 10) \, \text{mm} \qquad (4\text{-}15)$$

若 H_4 小于 H_1 与 H_2 之和，则仍按式（4-12）校核。

若 $H_4 \geq H_1 + H_2$，且又是双分型面模具，则按式（4-16）校核：

$$S \geq H_4 + \alpha + (5 \sim 10) \, \text{mm} \qquad (4\text{-}16)$$

式中　α——取出浇注系统凝料所需的行程。

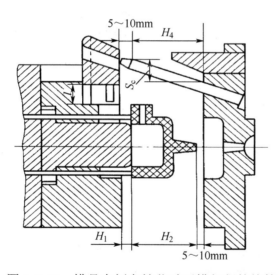

图 4-2-19　模具有侧向抽芯时开模行程的校核

应当注意：当抽芯方向不与开模方向垂直，而成一定角度时，其开模行程计算公式则与上述有所不同，应根据抽芯机构的具体结构及几何参数进行计算。

6）注塑机顶出装置与模具推出机构关系的校核

各种型号注塑机顶出装置的结构形式、最大顶出距离等是不同的。设计模具时，应保证模具的推出机构与注塑机的顶出装置相适应。设计者必须了解注塑机顶出装置类型、顶杆直径和顶杆位置。

国产注塑机的顶出装置大致可分为以下几类。

（1）中心顶杆机械顶出，如卧式 XS-Z-60、XS-ZY-350，立式 SYS-30，直角式 SYS-45 等。

（2）两侧双顶杆机械顶出，如卧式 XS-Z-30、XS-ZY-125。

（3）中心顶杆液压顶出与两侧双顶杆机械联合顶出，如 XS-ZY-250、XS-ZY-500 等。

（4）中心顶杆液压顶出与其他开模辅助液压缸联合作用，如 XS-ZY-1000 等。

总之，注塑机顶出装置的最大顶出距离应满足模具推出塑件的需要。在中心顶杆顶出的注塑机上使用的模具，应对称地固定在移动模板中心位置上，以便注塑机的顶杆顶在模具的推板中心位置上。而在两侧双顶杆顶出的注塑机上使用的模具，模具的推板长度应足够长，以便注塑机的顶杆能顶到模具的推板。

4.2.3　注塑成型工艺及参数

1. 注塑工艺过程

在注塑成型生产中，根据制件的使用要求和形状，选择最合适的原材料、生产方式和生产设备，设计最合理的成型模具，然后使它们联系起来形成生产能力，所运用的技术方法的过程称为注塑成型工艺过程。注塑成型工艺过程包括成型前的准备、注塑成型过程和制件的后处理。

1）成型前的准备

为了使注塑过程顺利进行并保证产品质量，在成型前有一系列的准备工作，包括原料熔体指数的测定、塑料的着色、镶嵌件的预热、原材料的干燥、脱模剂的选用、机筒的清洗等。

（1）原料熔体指数的测定。熔体指数常用 MI 表示，通常作为热塑性塑料质量控制和成型工艺条件的参数。它是在规定温度和恒定载荷下，塑料熔体在一定时间通过标准毛细管的质量数，用 g/10min 来表示。

注塑用塑料材料的熔体指数多数选择 1～10（g/10min），比较简单且强度要求较高的制件选小值，复杂、薄壁流程长的制件通常选择偏大一些的值。

（2）塑料的着色。注塑制件着色最常见的方法是色母料着色法，这种方法简单易行，着色均匀，但是成本偏高一些。色母料着色法是指将热塑性塑料颗粒与色母料颗粒按一定比例混合均匀用于生产，色母料的加入量通常为 1%～5%。

（3）镶嵌件的预热。镶嵌件的预热由塑料的性质、镶嵌件的大小和种类决定。具有刚性分子链的塑料，如聚碳酸酯、聚苯乙烯、聚砜、聚苯醚等，当有镶嵌件时必须预热，因为这些塑料本身容易产生内应力而引起应力开裂。而当塑料含柔性分子链且镶嵌件较小时，镶嵌件易被熔融塑料在模内加热，可不预热。

镶嵌件预热温度一般为 110～130℃，以不损伤镶嵌件表面的镀层为限，对于非钢质镶嵌件，如铝、铜，其预热温度可提高至 150℃左右，镶嵌件形状最好为圆形，表面开一些径向沟槽就更好了。

（4）原材料的干燥。塑料材料分子结构中含有酰胺基、酯基、醚基、氰基等基团时具有吸湿倾向，由于吸湿使其含有不同的水分，所以当水分超过一定量时，注塑制件会产生银纹、收缩孔、气泡等缺陷，严重时会引起材料降解，这时产品外观和内在质量都会有不同程度的下降。易吸湿的塑料品种有聚酰胺、聚碳酸酯、聚甲基丙烯酸甲酯、聚对苯二甲酸乙二醇酯、聚苯醚、氯化聚醚、ABS 等，一般来说，这些塑料成型前都应进行干燥处理，塑料干燥条件如表 4-2-6 所示。

表 4-2-6　塑料干燥条件

塑料名称	干燥温度/℃	干燥时间/h	干燥厚度/mm	干燥要求/%
ABS	80～85	2～4	30～40	0.1
聚酰胺	95～105	12～16	<50	<0.1
聚甲醛	75～85	3～5	<30	—
聚碳酸酯	120～130	>6	<30	0.015
聚甲基丙烯酸甲酯	70～80	2～4	30～40	—
聚对苯二甲酸乙二醇酯	130	5	—	—
聚对苯二甲酸丁二醇酯	120	<5	<30	—
聚砜	120～140	4～6	20	0.05
改性聚苯醚	120～140	2～4	25～40	—

有些塑料如聚烯烃、聚苯乙烯、聚丙烯、聚氯乙烯、聚甲醛等不易吸湿，如果包装、贮存较好，一般可不用干燥。

（5）脱模剂的选用。目前常见的脱模剂是雾化脱模剂，它是将主成分加适量溶剂采用机械共混，并充以适量雾化剂罐装而成的。雾化脱模剂喷涂均匀，涂层较薄，脱模效果较好。一般喷涂一次可脱 15 模左右，雾化脱模剂适应性较强，各种塑料包括热固性塑料均可使用。雾化脱模剂的种类及性能如表 4-2-7 所示。

表 4-2-7　雾化脱模剂的种类及性能

种类	脱模效果	制件表面后处理
甲基硅油（TG 系列）	优	差
白油（TB 系列）	良	良
蓖麻油（TM 系列）	良	优

（6）机筒的清洗。在生产中需要改变品种、更换原料、调换颜色或者发现塑料分解现象时，都需要对注塑机机筒进行清洗或拆换。

机筒清洗剂的使用方法：首先将正常生产条件下的机筒温度提高 10～20℃，挤净机筒内的残余物料，然后加入清洗剂，随后加入所要更换的正常用料，或者在清洗剂已挤到螺杆前端后，再加入正常用料，用预塑方式连续挤出一段时间即可。若一次清洗效果不满意，可再重复一次上述清洗过程。例如，在 60cm^3 的注塑机中注塑了黑色 ABS，要换成白色 ABS，应先将黑料挤净，加入 100g 清洗剂，再加入白色 ABS，即得到白色 ABS 制件。

机筒清洗剂的品种、适用范围及用量如表 4-2-8 所示。

表 4-2-8　机筒清洗剂品种、适用范围及用量

品种	适用范围/℃	注塑机型号	清洗剂用量/g
LQ—1 型	180～200	XS-Z30	0～50
LQ—2 型	200～220	XS-Z60	50～100
LQ—3 型	220～240	XS-ZY-60	100～150
LQ—4 型	240～260	XS-ZY-125	150～200
LQ—5 型	260～280	XS-ZY-500 以上	适当增加

2）注塑成型过程

注塑成型过程包括塑化与流动、注塑和模塑冷却三个阶段。

（1）塑化与流动：塑料在机筒内经加热达到流动状态，再由螺杆旋转或者柱塞的推挤，达到组分均匀并具有良好可塑性的过程。塑化与流动是注塑的准备过程，对它的主要要求：达到规定的成型温度；温度、组分应均匀一致并能在规定的时间内提供足够数量的熔融塑料；分解物控制在最低限度。塑化与流动与注塑制件的产量和质量都有直接、密切的关系。

（2）注塑：用柱塞或者螺杆推挤，将具有流动性、温度均匀、组分均匀的熔体推入模的过程。塑料熔体注塑入模需要克服一系列的流动阻力，包括熔体与机筒、喷嘴、浇注系统、模型的摩擦阻力及熔体的内摩擦阻力，同时要对熔体进行保压，因此，注塑压力是很高的，这一历程虽然时间很短，但是熔体的变化并不小，这些变化对产品质量有很大影响。

（3）模塑冷却：从塑料熔体进入模腔开始，经过型腔注满、熔体在控制条件下冷却定型，直到制件从模腔脱出的过程。

不管是哪种形式的注塑机，塑料熔体在模腔内的流动情况均可分为充模、保压、倒流和冷却四个阶段，在连续的四个阶段中，塑料熔体的温度将不断下降，时间、压力的变化曲线如图4-2-20所示。

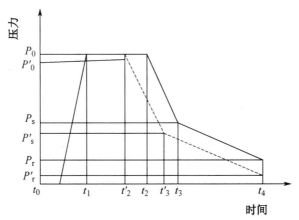

P_0、P'_0—模塑最大压力；P_s、P'_s—浇口凝封压力；P_r、P'_r—脱模残余压力；
$t_0 \sim t_1$—充模时间；$t_1 \sim t_2(t'_2)$—保压时间；$t_2(t'_2) \sim t_3(t'_3)$—倒流时间；$t_3(t'_3) \sim t_4$—冷却时间

图4-2-20 模塑时间、压力的变化曲线

① 充模阶段。这一阶段从柱塞或者螺杆开始向前移动开始（时间为t_0），直到塑料充满模腔为止（时间为t_1）。充模阶段包括引料入模期、充模期、挤压增密期，因引料入模期和挤压增密期时间很短，所以通常把充模时间称为注塑时间。$t_0 \sim t_1$通常为3～5s。

充模阶段开始时，模腔内没有压力，随着物料的不断充入，压力逐渐建立起来，待充满模腔后，料流压力迅速上升到最大值。充模时间与模塑压力有关，充模时间长，也就是慢速充模，先进入模内的熔料，受到较多的冷却，黏度升高，后面的熔料就需要较高的压力才能入模，模内被冷却的物料受到较高的剪切应力，分子定向程度较高，如果定向分子被冻结，制件就会出现各向异性、内应力，严重时产生裂纹。充模时间过长，制件的热稳定性较低。充模时间短，也就是快速充模，熔料经过喷嘴及浇注系统，产生较高的摩擦热，料温也较高，当注塑压力达到最大值时，塑料熔体的温度高，分子走向程度可减小，制件熔接强度较高。

但是若充模速度太快，则在镶嵌件后部的熔接不好，致使制件强度变差，裹入空气会使制件产生气泡。

② 保压阶段。保压阶段也称为压实增密阶段。这一阶段从熔体充满模腔开始（时间 t_1），到柱塞或螺杆在最前位置（时间 t_2）为止。在这段时间内，塑料熔体会受到冷却而产生收缩，但是熔料仍处于柱塞或螺杆的稳压下，机筒内的熔料必然会继续流入模腔内，以补充因收缩而留出的空隙。如果柱塞或螺杆停在原位不动，压力曲线将略有下降；如果柱塞或螺杆保持压力不变，也就是随着熔料入模的同时向前移动，则模内压力也将有所下降。

保压时间通常为 20～120s。

保压压力提高、保压时间延长，有利于提高制件密度、减小收缩、克服制件表面缺陷。此外，由于塑料还在流动，而且温度在不断下降，定向分子容易被冻结，所以这一阶段是大分子定向形成的主要区间，保压时间越长，浇口凝封压力越大，分子定向程度也越高。

③ 倒流阶段。这一阶段从柱塞或螺杆后退时（时间 t_2）开始，到浇口处熔料凝封（时间 t_3）为止。这时模腔内的压力比流道内的压力高，因此就会发生塑料熔料的倒流，这时模内压力不断下降，若柱塞或螺杆后退，浇口处熔料已凝封，或者喷嘴中装有上逆阀，则倒流阶段就不复存在，也就不会出现 t_2～t_3 段的压力下降现象，所以倒流多少或倒流有无是由保压时间来决定的。

浇口凝封压力用 P_s 表示。保压时间长，凝封压力高，倒流少，制件收缩率降低。

④ 冷却阶段。这一阶段从浇口凝封时（时间 t_3）开始，到制件从模腔中顶出（时间 t_4）为止。在通常情况下，冷却时间为 20～120s。

模内塑料在这一阶段主要是继续被冷却，以便制件脱模时有足够的刚度，不致产生变形。在这一阶段，虽然无塑料从浇口流入或流出，但模内还可能有少量物料流动，依然会产生分子定向。由于模内塑料的温度、压力和体积在这一阶段均有变化，到制件脱模时，模内压力不一定等于外界压力，模内压力与外界压力的差值称为脱模残余压力，用 P_r 表示。

脱模残余压力的大小与保压阶段的时间长短有关，保压时间长，凝封压力大，脱模残余压力也大。脱模残余压力为正值时，脱模比较困难，强行顶出制件容易使制件被顶伤，甚至破裂。脱模残余压力为负值时，制件表面容易产生凹陷或内部有真空泡。脱模残余压力在冷却阶段初期为零时，制件外表壳层较薄，无足够强度抵抗内部随后出现的负压而会使制件产生凹痕；在冷却阶段中期为零时，制件内部未凝固，熔体会在足够厚外壳的拉应力作用下形成缩孔；在冷却阶段后期为零时，脱模较顺利并能获得满意的制件。

3）制件的后处理

注塑制件经脱模或者机械加工、修饰之后，常要进行适当的后处理，以提高制件的性能。制件后处理主要包括退火处理（热处理）和调湿处理。

（1）退火处理。退火处理是指将制件放在定温的加热液体介质（如水、热矿物油、甘油、乙二醇等）或热空气循环箱中静置一段时间，再缓慢冷却的过程，其目的是减小由于塑化不均或制件在型腔中冷却不均而带来的制件内应力。存在内应力的制件在储存和使用过程中常会发生力学性能下降，表面出现裂纹，甚至产生变形而开裂等情况。

退火温度应控制在制件使用温度以上 10～20℃，或者控制在塑料的热变形温度以下 10～20℃。温度过高会使制件发生翘曲或变形；温度过低又达不到目的。退火时间取决于塑料品种、介质温度、制件的形状、尺寸及其成型条件等。退火处理后冷却速度不能太快，以避免重新产生内应力。退火后应使制件缓冷至室温。

（2）调湿处理。调湿处理是指将刚脱模的制件放在沸水或乙酸钾水溶液（其沸点为121℃）中，在隔绝空气防止氧化的条件下，加快塑料的吸湿平衡，以尽快稳定塑料制件的颜色、性能、形状、尺寸的处理过程。在调湿处理过程中，还可消除残余应力；适量的水分还可起到类似增塑的作用，从而改善制件的柔韧性，使冲击强度和拉伸强度有所增加。

2. 注塑成型的工艺参数

注塑成型工艺的正确制定是为了保证塑料熔体良好塑化，并顺利地充模、冷却与定型，以便生产出质量符合要求的制件。在注塑成型工艺中最重要的工艺参数有温度、压力、时间（成型周期）、注射速度等。

1）温度

注塑成型需要控制的温度有机筒温度、喷嘴温度、模具温度等，前两者主要影响塑料的塑化与流动，而模具温度对塑料的流动与冷却定型起决定性的作用。

（1）机筒温度。机筒温度的选择与各种塑料的特性有关，每种塑料材料都有自己的黏流温度（T_f）和溶点（T_m）。对无定形塑料来说，机筒末端温度应高于黏流温度（T_f），而结晶型塑料机筒末端温度应高于熔点（T_m），但是都必须低于分解温度（T_d），因此机筒温度最合适的范围应为 T_f 或 T_m～T_d。对于 T_f～T_d 范围的塑料，机筒温度应偏低些，可比 T_f 稍高一些；而对于 T_m～T_d 范围的塑料，机筒温度可适当提高，可比 T_f 高。如聚氯乙烯受热易分解，机筒温度应尽可能低一些；而聚苯乙烯 T_f～T_d 的范围宽，机筒温度范围也可较宽且较高一些。

（2）喷嘴温度。喷嘴和浇口的作用一样，都是为了加速熔体的流速，把势能转变为动能，并有调整熔体温度和均化的作用。喷嘴对熔体温度是有影响的，但是如果注塑压力不变，那么喷嘴长度、喷嘴直径对温度没有明显的影响，喷嘴细孔附近温度升高与塑料熔体平均流速成正比。

从表 4-2-9 看出，喷嘴直径小的剪切摩擦热大，温度升高，为避免喷嘴射出的熔体因温度过高而产生分解，在设计喷嘴温度时，通常设计得略低于机筒温度。

表 4-2-9　喷嘴直径、注塑压力与温度升高数的关系

喷嘴直径/mm	注塑压力/MPa	温度升高数/℃
0.5	50	26
0.5	100	46
0.7	50	26
0.7	100	47
1.0	50	25

续表

喷嘴直径/mm	注塑压力/MPa	温度升高数/°C
1.0	100	46
1.46	50	23
1.46	100	43
2.0	50	19
3.0	50	18

（3）模具温度。模具温度对制件的外观和内在质量都有很大影响。模具温度的高低取决于塑料的特性、制件的形状、制件的尺寸、制件性能的要求及其他工艺条件。

控制模具温度的方法很多，可以采用自然散热、水冷却、冷冻水冷却及电热丝、电热棒加热等。不管采取什么方法使模具保持低温，对塑料熔体来说都是冷却过程，达到玻璃化温度或者工业上常用的热变形温度以下，使塑料冷却定型同时利于制件的脱模。

一些塑料成型模具温度参考值如表 4-2-10 所示。

表 4-2-10　一些塑料成型模具温度参考值

塑料名称	模具温度/℃	塑料名称	模具温度/℃
ABS	60～70	聚酰胺—6	110
聚碳酸酯	90～110	聚酰胺—66	120
聚甲醛	90～120	聚酰胺—1010	110
聚砜	130～150	聚对苯二甲酸丁二醇酯	70～80
聚苯醚	110～130	聚甲基丙烯酸甲酯	40～65
聚三氟氯乙烯	110～130		

2）压力

（1）塑化压力（背压）。螺杆头部熔料在螺杆后退时所受到的压力称为塑化压力，亦称为背压，其大小可以通过液压系统中的溢流阀调节。预塑时，只有螺杆头部的熔体压力克服了螺杆后退时的系统阻力，螺杆才能后退。在此系统阻力中，除了螺杆和机筒的阻力，还有注塑油缸的回流阻力，因此可通过调节油缸阻力来达到对塑化压力的控制。

（2）注塑压力和保压压力。注塑压力是柱塞或者螺杆顶部对塑料所施的压力，单位为 MPa。注塑压力的主要作用：克服塑料熔体从机筒向型腔的流动阻力，给予熔体一定的充模速率。这些作用不仅与制件的质量、产量有密切的关系，而且受塑料品种、注塑机类型、模具结构及其他工艺条件的影响。注塑压力选择范围如表 4-2-11 所示。

表 4-2-11　注塑压力选择范围

制件形状要求	注塑压力/MPa	适用塑料品种
熔体黏度较低，形状精度一般，流动性好，形状简单的厚制件	70～100	聚乙烯、聚苯乙烯等
中等黏度，精度有要求，形状较复杂	100～140	聚丙烯、ABS、聚碳酸酯等
黏度高、薄壁、长流程、精度高且形状复杂	140～180	聚砜、聚苯醚、聚甲基丙烯酸甲酯
优质、精密、微型	180～250	工程塑料

保压压力是在模腔充满后对模内熔料压实、补缩的压力。如果保压压力较高，往往会使制件的收缩率减小，制件表面光洁、密度增加、熔接痕强度提高、制件尺寸稳定；缺点是脱模时残余压力较大、成型周期延长。

（3）合模力。在注塑充模阶段和保压补缩阶段，模腔压力会产生使模具分开的胀模力，为了克服这种胀模作用，合模系统必须对模具施以闭紧力，称为合模力。合模力的调整将直接影响制件的表面质量和尺寸精度，合模力不足会导致模具开缝，发生溢料现象；合模力太大会使模具变形，制件不符合要求，能量消耗也高。

例如，成型容易、壁厚均匀的日用品模腔压力为 25MPa，一般民用产品的模腔压力为 30MPa，工业制件的模腔压力为 35MPa，精度高、形状较复杂工业制件的模腔压力为 40MPa；而模腔流长比小于 50 的模腔压力为 20~30MPa、大于 50 的模腔压力为 35~40MPa。

（4）顶出力。当制件从模具上落下时，需要一定的外力来克服制件和模具的附着力，所以制件的顶出力、顶出速度和顶出行程要根据制件的结构、形状、尺寸、制件材料的性质及工艺条件来调整。顶出力太小，制件无法脱下；顶出力太大、顶出速度太快，会使制件产生翘曲变形，甚至断裂破坏。

3）时间（成型周期）

完成一次注塑成型过程所需要的时间称为成型周期。它实际包括以下几部分，如图 4-2-21 所示。成型周期直接影响劳动生产效率和设备利用率，因此，在生产中，在保证质量的前提下，尽量缩短成型周期中的各个有关时间。

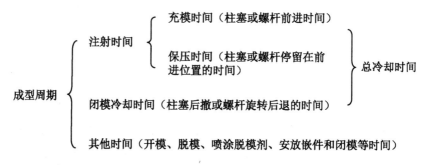

图 4-2-21　成型周期

注射时间中的充模时间短，注射速率高，这时熔料密度较高、温差较小，熔料压力传递性好，对多型腔制件尺寸误差小，但是制件易产生飞边、毛刺、银纹、气泡。在通常情况下，充模时间为 3~5s。对于熔体黏度高、玻璃化温度高、冷却速度快的大型、薄壁、精密制件，以及加工温度范围窄、玻璃纤维增强、低发泡制件，应采用快速注射方式，常用值为 15~20cm/s；其他情况采用 8~12cm/s。

保压时间在整个注射时间内占的比例较大，一般为 20~120s，特别厚的制件可高达 3~5min。在浇口处熔料冻结之前，保压时间的多少对制件尺寸的准确性有影响，以聚苯乙烯为例，其保压时间与制件尺寸的关系如表 4-2-12 所示。

保压时间与料温、模具温度、主流道及浇口尺寸也有密切关系，如果工艺条件是正常的，浇注系统设计合理，通常以制件收缩率波动范围最小时为保压最佳时间。保压时间短，制件密度低，尺寸偏小，易出现缩孔。保压时间长，制件内应力大，强度降低，脱模困难。如表 4-2-12 所示，保压时间超过 17s 时，浇口凝封压力高，模内残余压力过大，以致不能开模，这时开模力大大增加，两者的关系如下：

模内残余压力/MPa   10   14   21

开模力/kN   9   25   54

表 4-2-12 聚苯乙烯的保压时间与制件尺寸的关系

性能指标编号	1	2	3	4	5
保压时间/s	5	7	9	13	17
制件质量/g	142	144	146	150	153
制件宽度/mm	72.9	73	73.1	73.2	73.7
收缩率/%	0.88	0.64	0.56	0.4	0.2
凝封压力/MPa	7.03	11.2	21.1	35.2	63.5
残余压力/MPa	9	11	15	28	34
制件质量情况	表面有较大缩孔	缩孔变小	外观质量好	外观质量好	脱模困难

冷却时间的长短主要取决于制件的厚度、塑料的热性能、结晶性质及模具温度。设定冷却时间的长短，应以保证制件脱模时不变形为原则。通常情况下，冷却时间为 30～120s。

一般来说，材料玻璃化温度高，结晶型塑料的冷却时间会较短。冷却时间太长不仅会降低生产效率，而且会造成复杂制件脱模困难，强行脱模会产生脱模应力，严重时损坏制件。在保证制件质量的前提下，应寻求最短的冷却时间。

在整个循环周期中，温度条件的影响十分显著，温度对成型周期的影响示意图如图 4-2-22 所示，a、b 线表明，相同模具温度和脱模温度条件下，熔体温度高，周期长；在相同脱模温度条件下，模具温度低的周期短，如 c 线。

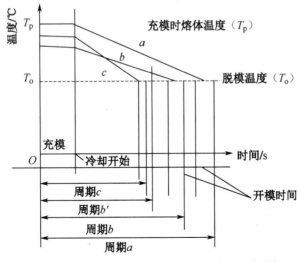

图 4-2-22 温度对成型周期的影响示意图

4）注射速度

注射速度对熔体的流动、充模及制件质量有直接影响。例如，在较高的注射速度下，熔体流速较快，剪切作用加强，黏度降低，熔体温度因剪切发热而升高，所以有利于充模，制件将会比较密实和均匀，熔接痕强度也会有所提高，而且用多腔模生产出的制件尺寸误差比较小。但是，注射速度过大会与注塑压力过大时一样，在模腔内引起喷射流动，导致制件质量变差。另外，高速注射时还存在排气问题，即在适当的高速充模条件下（不产生喷射流动），如果排气不良，模腔内的空气将会受到严重的压缩，这不仅会使原来高速流动的熔体流速减慢，还会因压缩气体放热而灼伤制件或产生热降解。图 4-2-23 所示为注射速度对塑料某些成型性能的影响曲线。

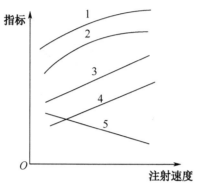

1—熔体流动长度；2—充模压力；3—熔接痕强度；4—制件内应力；5—制件表面质量

图 4-2-23　注射速度对塑料某些成型性能的影响曲线

因此，应合理选择注射速度，不宜过高，也不宜过低（过低时，制件表面冷却较快，对继续充模不利，容易造成制件缺料、分层和明显的熔接痕等缺陷）。注射速度一般取为 15～20cm/s，对于厚度和尺寸都很大的制件，注射速度可取为 8～12cm/s。目前，在生产中确定注射速度时，常常要做现场试验，即在制件和模具结构一定时，在正式生产之前先采用慢速低压注射，然后根据注塑出的制件调整注射速度，使之达到合理的数值。如果生产批量较大，需要缩短成型周期，调整时可将注射速度尽量朝数值较高的方向调整，但必须保证制件质量不会因注射速度过高而变差。

作
业
单

项目四	模具装配、调试	任务2	模具调试
实践方式	小组成员动手实践，教师巡回指导	计划学时	6

| 实践内容 | 填写项目四工作页中的计划单、决策单、材料工具单、实施单、检查单、评价单等。
学生任务：根据图4-2-24所示的模具调试流程图调试模具。
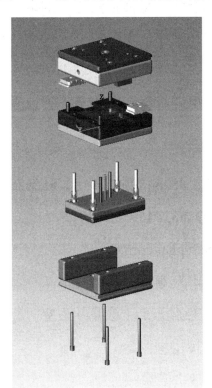
图4-2-24　模具调试流程图

1．小组讨论，共同制订计划，完成计划单。
2．小组根据班级各组计划，综合评价方案，完成决策单。
3．小组成员根据需要完成的工作任务，完成材料工具单。
4．小组成员共同研讨，确定动手实践的实施步骤，完成实施单。
5．小组成员根据实施单中的实施步骤，调试模具零件。
6．检测小组成员调试好的模具，完成检查单。
7．按照专业能力、社会能力、方法能力三方面综合评价每位学生，完成评价单。 |

| 班级 | | 姓名 | | 第　　组 | 日期 | |

反侵权盗版声明

电子工业出版社依法对本作品享有专有出版权。任何未经权利人书面许可，复制、销售或通过信息网络传播本作品的行为；歪曲、篡改、剽窃本作品的行为，均违反《中华人民共和国著作权法》，其行为人应承担相应的民事责任和行政责任，构成犯罪的，将被依法追究刑事责任。

为了维护市场秩序，保护权利人的合法权益，我社将依法查处和打击侵权盗版的单位和个人。欢迎社会各界人士积极举报侵权盗版行为，本社将奖励举报有功人员，并保证举报人的信息不被泄露。

举报电话：（010）88254396；（010）88258888

传　　真：（010）88254397

E-mail：　dbqq@phei.com.cn

通信地址：北京市万寿路 173 信箱

　　　　　电子工业出版社总编办公室

邮　　编：100036